土-桩-隔震结构动力相互作用

Dynamic Soil-pile-isolated Structure Interaction

庄海洋　于　旭　著

U0376495

中国建筑工业出版社

图书在版编目（CIP）数据

土-桩-隔震结构动力相互作用/庄海洋，于旭著. —北
京：中国建筑工业出版社，2016.3
ISBN 978-7-112-19056-0

Ⅰ.①土…　Ⅱ.①庄…②于…　Ⅲ.①隔震-抗震结构-
结构动力学　Ⅳ.①TU352②TU311.3

中国版本图书馆 CIP 数据核字（2016）第 024908 号

　　本书是作者经过多年潜心研究之后完成的专著。隔震技术是结构抗震领域中的一个热点。作者通过本书向广大读者展示了在此领域的研究高度和深度。本书共包括 10 章：第 1章　绪论，第 2 章　土-桩-隔震结构动力相互作用有限元分析方法，第 3 章　土-桩-隔震结构动力相互作用振动台模型试验技术，第 4 章　刚性地基上隔震结构动力反应的模型试验研究，第 5 章　一般土性地基上土-桩-隔震结构动力相互作用模型试验研究，第 6 章　软夹层地基土-桩-隔震结构动力相互作用模型试验研究，第 7 章　不同土性地基上隔震结构振动特性的对比分析，第 8 章　土-桩-隔震结构动力相互作用的数值计算与模型试验对比分析，第 9 章　土-桩-隔震结构动力相互作用的简化计算方法，第 10 章　考虑 SSI 效应时土-桩-隔震结构动力相互作用动力的能量分析法。

　　全书具有相当的理论深度，适合广大建筑结构、岩土工程专业的师生阅读使用。

　　　　责任编辑：张伯熙
　　　　责任设计：董建平
　　　　责任校对：陈晶晶　姜小莲

土-桩-隔震结构动力相互作用
庄海洋　于　旭　著
*
中国建筑工业出版社出版、发行（北京西郊百万庄）
各地新华书店、建筑书店经销
唐山龙达图文制作有限公司制版
廊坊市海涛印刷有限公司印刷
*
开本：787×1092 毫米　1/16　印张：9¼　字数：228 千字
2016 年 3 月第一版　　2016 年 3 月第一次印刷
定价：28.00 元
ISBN 978-7-112-19056-0
（28317）

作者简介

庄海洋，1978 年 2 月生，南京工业大学教授，东南大学和山东大学博士后，江苏宿迁人，国家注册土木（岩土）工程师。现任南京工业大学岩土工程研究所副所长、交通学院轨道交通系主任。主要从事土动力学、地铁地下与高架结构抗震和土-隔震结构动力相互作用等相关的教学与科研工作。目前，已主持国家自然科学基金项目 2 项，省部级项目 6 项，参与国家自然科学基金重大研究计划培育项目、面上项目和省重点项目 5 项。已在《Soil Dynamic & Earthquake Engineering》、《Bulletin of Earthquake Engineering》、《Bulletin of Engineering Geology and Environment》和《岩土工程学报》等期刊上发表学术论文 70 余篇，其中被 SCI、EI 检索论文近四十篇。曾获"江苏省优秀博士学位论文"、军队科技进步一等奖、中国地震局防震减灾优秀成果奖一等奖。2012 年入选江苏省"青蓝工程"优秀中青年骨干教师培养计划、2013 年入选江苏省"333 高层次人才工程"中青年科学技术带头人培养计划，2012 受"江苏省首批高校优秀中青年和校长境外研究计划"项目资助赴美国南加州大学（University of Southern California）访学一年。现兼任中国岩石力学与工程学会地下工程分会理事、中国土木工程学会土力学与岩土工程青年工作委员会委员、江苏省地震学会地震工程专业委员会委员、国际土力学与岩土工程学会会员。

序 一

土与结构动力相互作用的科学问题无论是在岩土地震工程领域还是在结构抗震工程领域都是一个重要的研究方向。由于该问题的求解需考虑土体的边界效应、动力接触非线性、材料非线性和输入地震动特征等，诸多因素组合在一起使得求解动力相互作用问题变得尤为困难。鉴于目前对该科学问题的认识不足和研究条件所限，在现有的结构抗震设计中通常都不考虑土与结构的动力相互作用，由此也造成了相关抗震设计方法和计算方法在生产实践中的应用受到了很大的限制。

土-桩-隔震结构动力相互作用作为土-结构动力相互作用的一个研究方向，既有土-结构动力相互作用的一般特点，同时由于隔震的加入，又具有了相互作用效应的新特征，其必然对特殊地基条件下隔震结构的动力学特征、动力反应程度和隔震层的隔震效率等等方面都将产生不利的影响。因此，开展该问题的研究具有重要的科学意义和工程实用价值。

青年学者庄海洋教授所著《土-桩-隔震结构动力相互作用》一书主要基于土与结构动力相互作用对隔震结构动力学特性的影响出发，通过系列振动台模型试验，探索了不同地基上土-桩-隔震结构动力相互作用机理及其程度，以及对隔震结构动力反应特征及其影响规律，并通过建立的土-桩-隔震结构动力相互作用的整体三维有限元分析，验证了模型试验中相关的重要发现与规律。同时，基于模型试验和数值分析的研究成果，建立了土-桩-隔震结构动力相互作用的简化分析模型和计算方法以及该相互作用体系的能力分析法。书中介绍了作者在土-桩-隔震结构相互作用方面的研究成果，不仅能够为隔震结构技术的进一步推广应用提供科学依据，其相关大型振动台模型试验技术、有限元数值分析方法和相关的简化理论分析方法也能为隔震结构的抗震分析提供有效的实用计算方法。

相信该书的出版、发行，对推动土与结构相互作用理论和隔震结构技术应用等方面的教学、研究和工程实践工作大有裨益，相信本书会成为相关专业人员的必备用书。

李杰男

长江学者奖励计划特聘教授

2016 年 1 月 9 日

序　二

　　青年学者庄海洋教授于 2001～2006 年在南京工业大学师从于我攻读研究生学位。因在此期间的优秀表现和突出的研究成果，他博士毕业后留校任教，继续在我的课题组从事土动力学、地铁地下结构抗震和土与结构动力相互作用等科学问题的研究。这期间，他对学业和研究孜孜不倦、锲而不舍，非常敬业。十余年来，庄海洋教授在岩土地震工程学科的研究方面做了不少有价值的工作，作为他的研究生导师、课题组负责人和同事，对于他在研究工作中取得的进展和贡献我也深感自豪和欣慰。

　　目前有关结构主、被动控制的设计理论大多数是建立在刚性地基假定之上，把结构的基础和地基看成是刚性体，不考虑地基对结构动力反应特性的影响。对于建在基岩上或者坚硬场地上的结构，地震波可以近似不改变地作用在结构的基底上，上述假设是可以的。但是，软弱场地条件下基岩输入地震动将出现长周期变化，同时建筑物—地基的相互作用对输入地震波特性有可能产生相当大的影响。由于 SSI 效应影响的存在，使得上部隔震结构的动力学特性及土的动力学特性都将发生明显变化，从而导致在刚性地基假定下设计的结构隔震控制体系在柔性地基条件下并未能体现出较好的控制效果。有鉴于此，开展土-桩-隔震结构动力相互作用机理及其程度的研究具有重要的科学意义和工程应用价值。

　　本人有幸对庄海洋教授即将由中国建筑工业出版社出版的著作《土-桩-隔震结构动力相互作用》先睹为快。本书主要介绍了土-桩-隔震结构动力相互作用科学问题涉及的大型振动台模型试验技术、三维整体有限元数值模拟技术和简化的理论分析方法等，重点介绍了作者对该科研问题的最新研究成果和重要发现。据我所知，土-桩-隔震结构动力相互研究工作是庄海洋教授在近三年延续已逝宰金珉教授的科研方向所开展的科学研究，在有限的科研经费资助和较短的科研时间内能在该研究方向取得如此的科研成果，实属不易。也正因为我对庄海洋教授在这一领域的研究工作非常了解，感到有必要向读者推荐，便欣然为序。

　　庄海洋教授勤奋敬业，严谨的科学精神受到众多业内同行的称赞，对他的著作面世表示祝贺，并希望他再接再厉、精益求精，在此基础上做出更好和更多的研究成果。

陈国兴

2015 年 12 月 25 日

于南京

前　言

已有地震震害调查已充分说明，地震房屋倒塌是造成人员伤亡的主要原因。为了有效提高建（构）筑物在强地震下的安全性，学者们研究了多种方法，如抗震技术、隔震技术、振动控制技术等。在众多技术中，由于隔震技术设计思路简单明确且行之有效，已被工程界广泛接受。在第九届世界地震工程会议上，隔震技术被列为对未来地震工程有重要影响的先进技术，多年来关于隔震技术的研究一直是结构抗震领域研究的一个热点问题。然而，已有的研究表明：土与结构的动力相互作用效应（Soil-structure Interaction，简称SSI 效应）对隔震结构的动力学特性以及基底输入地震动影响很大，进而影响隔震结构的地震反应规律及其程度。但是，目前在基础隔震结构体系的设计中，通常在理论分析中忽略 SSI 效应，对于深厚软弱地基上的隔震结构来说将会造成隔震效率没有预想的那么好。

有鉴于此，宰金珉教授和本书作者庄海洋曾在合著论文"对土-结构动力相互作用研究若干问题的思考"中针对上述问题的研究意义进行了阐述，此论文也是 2005 年《徐州工程学院学报》首刊第一篇论文的邀请稿。自此，在宰金珉教授的指导下，于旭博士进行了土-桩-隔震结构动力相互作用机理的博士学位论文的课题研究。可是，让作者悲痛的是，敬爱的宰金珉教授于 2009 年驾鹤西去。因此，于旭博士 2009 年完成了博士学位论文内容的研究后，对该课题的研究没有得到很好的延续。为了让该课题能够继续研究，2012年本书作者庄海洋指导于旭博士以"深厚软弱场地土-隔震结构动力相互作用"为主要研究内容，成功申请了江苏省自然科学基金项目（BK2012477）和住房和城乡建设部科研项目（2013-K3-1）的资助，继续开展土-桩-隔震结构动力相互作用及其简化计算方法的研究。因此，该专著的主要研究成果包括宰金珉教授和庄海洋教授、加上于旭博士（现就职于南京工程学院）和朱超硕士在研究生学习期间及毕业后工作期间的主要研究成果。在此，作者对一系列课题资助的相关部门一并表示感谢！同时，作者谨以此专著的出版对已故宰金珉教授对课题组曾给予的开创性指导工作和大力支持表示最深切的怀念！

在本书涉及的课题研究过程中，得到了南京工业大学陈国兴教授、河海大学高玉峰教授、东南大学王修信教授、南京航空航天大学陈少林教授和南京工程学院宗兰教授等专家的支持和鼓励。本书出版也得到了南京工业大学科学研究部、研究生院、交通运输工程学院的大力支持，对此表示衷心的感谢！

作者虽长期从事岩土地震工程领域的科学研究与工程实践，但限于知识面的局限性，书中难免存缺点和错误之处，敬请读者批评赐教指正。

庄海洋

2015 年 12 月于南京工业大学

目　　录

第1章 绪　论

1.1　课题研究背景和意义

地震是一种地球运动的自然现象，同时也是发生较为普遍的地质现象，地球上绝大部分人口都生活在地震发生区域。根据有关的统计资料显示，全球平均每年要发生约 500 万次有震感的地震，其中，5 级以上的强烈地震大约 1000 次[1]。由于地震的发生毫无预兆，地球上大部分地区都有发生地震的可能，同时地震又是很难提前预测的，因而预防措施很难起到作用。全球地震主要集中于两个地震构造系：其一是环太平洋地震构造系，全球 75% 地震都在此发生；其二则是大陆地震构造系，全球 90% 陆地地震都在这里产生。

中国是世界上遭受地震灾害影响最严重的国家之一，这是因为我国位于环太平洋地震带和欧亚地震带两大地震带之间，受太平洋板块、印度板块和菲律宾海板块相互挤压作用，地震断裂带十分丰富[2]，地震活动也相当频繁。

我国人口众多，但分布不均，主要集中地分布于东部沿海发达地区。由于相当数量的大中型城市都建造在地震易发区，因此，一旦发生地震，极易危及人民生命。我国地震活动有频度高、强度大、震源浅、范围广等特点，巨大的能量伴随着强烈地震而来，破坏力十分惊人。而随着社会的发展，城市化进程的不断深入，建筑群越来越密集，建筑物的高度也在不断攀升，如果发生强震，造成的灾害将非常巨大。如何提高建筑物的抗震性能，已然成为全世界关注的焦点。

历次地震震害调查结果表明[3-6]：大量的人员伤亡和财产损失是由于地震引发的次生灾害造成的。地震以波的形式从震源向四周传递能量，地震波从自由场地经结构基础向上部传递过程中，与结构产生共振，强度不断被放大；若能量超过房屋结构的承载极限，结构便遭到破坏，甚至无法修复。

2008 年 5 月 12 日 14 时 28 分，中国四川省汶川地区发生 8.0 级特大地震，由于震源深度较浅，汶川地区的余震更是不断，大大小小有上千余次，加之震源附近群山环绕，极易发生山体滑坡等次生灾害，因而造成了巨大的人员、财产损失。

2011 年 3 月 11 日日本东北部海域发生 9.0 级地震并引发海啸，浪高达数十米，海水迅速淹没临海陆地，原本为了提高抗震性能建造的木结构房屋，在海啸到来时变得不堪一击，给当地人民造成了巨大的伤害。因此，在提高结构抗震性能的同时，如何保证结构在有效抵抗次生灾害的同时，控制结构的地震反应是十分必要的。而隔震结构更好地满足了人们对建筑物安全性的强烈要求。

2015 年 4 月 25 日尼泊尔又发生了 8.1 级地震，由于当地建筑物大多比较陈旧，没有设置相应的抗震措施，因此人员伤亡十分惨重。同时也再次提醒人们抗震研究的必要性。

1.2 隔震技术的研究现状

1.2.1 抗震与隔震的对比

近年来，隔震技术的发展让人们不再只一味增强结构抗性与地震"正面交锋"，而是找到更合适的办法阻隔其传播路径。在传统的结构抗震设计方法主要有：①基于承载力设计方法；②基于承载力和构造保证延性设计方法；③能力设计法；④基于损伤和能量设计方法；⑤基于性能/位移设计方法[7]。其设防目标是结构在产生较大变形的情况下不至于出现整体倒塌，其重点主要放在提高结构的延性，从而更好地分散结构的塑性变形，通过变形达到增大结构整体耗能，使结构趋于稳定。在地震作用时，尽量使建筑结构处于弹性或弹塑性状态，使结构不至于出现整体破坏是抗震设防的基本目标。事实上，建筑结构的地震反应因地震动频谱特性的不同有很大差异。结构的损坏往往集中在某一特定薄弱层，而薄弱层往往由地震动特性决定，且地震发生之前无法预估。

建筑物最重要的功能是要能够持续承受外部荷载的作用，维持一个安全封闭的内部空间，同时在地震、洪水等突发性自然灾害发生时具有一定的抵御能力。大部分地震灾害是由于结构的剧烈往复晃动而造成了破坏，建筑物支承能力下降而坍塌。因此抗震设计时首先要做的是保证建筑物有足够的支承能力，其次是提高结构的整体抗震性能。传统抗震设计的重点可概括为"小震不坏、中震可修、大震不倒"。也就是说小震发生时，建筑物应力应变处于线弹性范围内，结构无任何损伤；中震发生时，只出现非结构构件的损坏，未发生主体结构的破坏，不影响正常使用；大震发生时，允许结构产生裂缝或钢材有塑性变形，但主体结构梁柱不致倒塌。很多情况下，由于地震在传播过程中不断被放大，最终因加速度、速度及层间变形过大而发生建筑物严重破坏。

虽然现代结构的变形性能已大大提高，但一般结构外墙和内墙的非结构构件仍以脆性材料为主，主体结构的延性增大必然导致结构的晃动更加剧烈，层间变形更大，非结构构件的破坏将会非常严重。而隔震建筑的上部结构即使遭遇罕遇地震，产生的层间变形量也很小，结构几乎处于平动状态。因此非结构构件使用脆性材料，并不影响整体安全性，结构的优势得到体现。

隔震结构，即将结构从地震中"隔离"出来，通过延长结构自振周期，阻隔高频能量传播，传递到上部结构的能量将大大减小，同时加入阻尼器耗能，从而限制隔震层位移反应，以达到减小结构地震反应的效果。同时，通过试验表明隔震层受地震波频谱特性的影响不大，对任何输入波均具有一定的隔震效果，因此地震发生前就可以预测结构的薄弱部位。

1.2.2 隔震结构的基本原理

隔震结构种类可根据隔震装置的安放位置大致分为两种[8]，一种是基础隔震，即在基础与结构之间设置隔震装置；另外一种则是中间楼层隔震，即在上部结构层间安装隔震装置。目前基础隔震使用较为广泛。传统结构的柱和梁等往往是使用刚性连接形成整体的，从而其力学特性也会相互影响，因此试验得到的构件的力学性能无法简单的推算出结构整体的运动情况。相反，隔震结构的变形和能量耗散主要集中在隔震层处，可针对隔震层进行研究或试验，然后再综合考虑隔震结构的整体特性，研究也更具针对性。

其中隔震支座要有足够大的竖向刚度，使其可以稳定支承建筑物重量等外部荷载；水平向刚度要较小，使其具有足够的水平变形能力。因此，隔震结构是一种遵循抗震设计两个基本要素[9]的结构形式，发生罕遇地震时，作用于上部结构的水平力比一般建筑要小很多，即使遭遇罕遇地震隔震结构的基本功能也不会遭到破坏。因此上部结构可以使用线弹性方法进行设计，同时可大大降低工程造价。

1.2.3 隔震结构国内外研究现状

由于日本是一个地震频发的国家，人们为了建成更加安全的住所，迫切需要找到更有效的抗震方法，日本在抗震研究方面投入了更多的精力和时间，这就促使隔震理念首先在日本产生。1881年，河合浩藏提议将原木放入房屋地基中，这样在地震发生时，上部房屋便会随着原木一同滚动，这也标志着隔震思想初步形成。1927年中村太郎提出在建筑物基础下安装两根长柱，并将其铰接在一起，在相对变形较大的柱头安装消能设备，即泵式阻尼器。1928年岗隆一将结构与基础使用隔震柱铰接，建成了第一栋钢筋混凝土隔震建筑。1954年，小掘铎二等人在进行非线性振动理论研究的基础上提出了"控制结构"的方案，同时对此方案进行了分析研究[10]。1982年日本建造了第一栋叠层橡胶支座建筑，为了对隔震结构的隔震效果加以验证，分别在结构基础和顶部安装了加速度计。从1987年地震时记录到的数据看，隔震层上部地震加速度不但没被放大，而且还小于基础处的加速度值，这同时也证明了隔震结构的隔震效果十分明显。1987年日本东北大学为了研究隔震建筑的优越性，分别建了两栋完全相同的钢筋混凝土建筑，一栋为抗震结构，一栋为隔震结构，同时在相同位置安装了加速度计。不久后，在一次有感地震中，记录到了地震加速度反应。记录数据表明，抗震结构的加速度反应大约是隔震结构5倍，这一结果也进一步证明了隔震结构的隔震效果。20世纪90年代阪神地震后，抗震结构的梁、柱等结构构件均出现不同程度的破坏，结构基本丧失使用功能。但是隔震结构梁、柱等结构构件均未发生破坏，仅有非结构构件损坏，修后可继续使用。

与此同时欧美国家的隔震研究也在如火如荼的进行。20世纪70年代，以美国为代表的隔震技术较先进的国家对叠层橡胶支座性能进行了大量的实验研究，并成功应用到工程建设中。虽然天然叠层橡胶材料变形性能和竖向承载能力都较好，但其阻尼较小，耗能能力也十分有限。为了改善这一状况，新西兰科学家发现在橡胶中心插入铅芯，铅芯可以起到很好的耗能作用。同时由于生产过程简单易操作，从而得到了很好的推广和使用。南加州大学医院建造时使用了铅芯橡胶垫，在1994年Northridge地震中医院完好无损，表现出很好的隔震性能。同时记录显示：南加州大学医院的楼顶地震加速度反应缩小到了基础处的1/3，地震反应大大减小。

我国对基础隔震的研究起步较晚。1966年，为了改进隔震材料的性能，李立对隔震材料进行了试验研究和理论分析，受限于当时的试验条件，研究范围也十分有限。到了1980年前后，随着隔震技术的不断推广，一些中小建筑中逐步开始使用隔震装置。1995～

1997 年，周锡元等重点研究了隔震支座在工程上的应用，对橡胶支座的动力性能以及简化设计方法等进行了深入而细致的试验研究[11]。随着各类研究的不断深入，隔震技术也得到了长足的发展，我国研制出了半径达 500mm 和 550mm（设计荷载 13000kN）的橡胶隔震支座，并且在日本多项工程中得到应用，且具有很好的工作性能[12]。

近些年来，国内研究成果也相当丰硕。杜永峰[13-14]结合了减震和隔震优点，建立了考虑 SSI 效应的三维有限元模型，得出了场地频率与结构基频变化对结构隔震效果的影响；与此同时使用了 bouc-Wen 模型[15]，利用空间迭代法模拟了隔震结构的地震反应，使理论研究进一步深入。周福霖[16-17]分别建立了 20 层框架、框剪结构，通过使用底部剪力法、振型分解反应谱法和时程分析方法对钢结构和钢筋混凝土结构隔震结构的隔震性能进行分析；同时提出了将普通橡胶隔震支座、铅芯橡胶隔震支座和弹性滑板支座根据其各自的性能优势进行组合建成组合式基础隔震结构，结果表明各支座的隔震特性得以充分发挥，隔震效率显著提高[18]。刘伟庆[19]主要研究了高层隔震建筑的地震反应，提出了隔震支座拉应力改进计算方法以及相应的设计优化法。得出了地震动类型以及地震动强度均会对 SSI 效应产生影响。并通过有限元模型，模拟了隔震支座在不同竖向拉压刚度，不同类型隔震支座的水平力学特性，研究了不同地震输入和不同输入角度对隔震支座受拉情况的影响[20]。吕西林等[21]在组合隔震系统的前提下，将试验与有限元模拟进行对比，对比结果表明隔震层滞回变形有效吸收了地震动输入能量，减小了结构模型的累计变形和塑性损伤。陆伟东[22-23]进行了目前世界最大隔震结构－昆明新国际机场航站楼（A 区）振动台模型试验，并根据模型尺寸参数力学参数建立了有限元模型进行对比，表明基础隔震结构能有效降低大跨网架结构的竖向振动，隔震结构的减震效率可达 50% 左右。尚守平[24]提出了利用地基换填法进行结构隔震，同时研究了地基动力特性对地基阻抗的影响，得出对桩基周边土使用软化换填后，可以起到一定的隔震作用。

我国最新的抗震规范《建筑抗震设计规范》GB 50011—2010[25]对隔震结构的高宽比放大至 4，同时取消了对结构类型及周期的限制。随着国家对房屋安全性能及使用性能要求的不断提高，隔震技术具有非常广阔的发展前景。只要合理设置结构的高宽，合理布置隔震支座以及设置抗拔桩，高层建筑的倾覆问题可以得到很好的解决[26]。同时为了保证隔震建筑的质量，我国先后颁布了隔震支座的标准[27]，以对隔震建筑形成更有效的监管。

5.12 汶川地震抗震结构房屋损坏十分严重，因此灾后重建中大多采用了橡胶垫隔震技术。由广州大学工程抗震研究中心设计的四川省绵竹市遵道学校成为灾后重建项目中第一个采用隔震技术建造的建筑[28]，竣工之后，经过数次余震的检验证明隔震能力良好。使用基础隔震技术建造的芦山县人民医院主楼，地震后结构主体部分几乎没有损坏，再次证明隔震结构的优越性。

1.3 土-结构相互作用的研究现状

1.3.1 土-结构相互作用的基本概念

传统的结构数值计算中，通常将下部的地基视为刚性体，即不存在结构激震在材料间的相互传递。而实际上，由于地基材料的非绝对刚性，甚至相比于结构材料来说，其非线性变形性质非常明显，在动力荷载作用过程中，结构物与地基之间既存在着力的相互作用，也存在着变形的相互约制，进而引起振动能量的相互传播和交换，使得实际结构物的动力反应与在刚性地基假设下所算得的反应有很大差别。因此把结构和地基基础作为一个整体的开放体系，而不是单独把结构当作一个封闭的，与地基介质之间没有任何能量交换的系统来研究其在动力荷载作用下的反应，即构成了土-结构动力相互作用问题。

由于地基土与建筑物基础一般情况下材料特性（主要指弹性模量）差异很大，其上部结构的反应与刚性地基假设研究得到的结果有较大偏差。研究土-结构相互作用的目的在于更好地还原结构物在外力作用下的反应，以便更清晰地找到结构的薄弱部位，并有针对性地加强某些部位，从而使结构稳定性增强，使用性能也得以提高。土-结构动力相互作用指的是地震动以波的形式从震源传递到周边的结构物上时，由于结构物质量不可忽略，结构产生的惯性力返回传递到地基土中，如此反复相互传播和交换，使结构、地基、基础形成一个彼此协调工作的整体。相比于土-结构的相互作用（soil-structure interaction，SSI），土-结构动力相互作用问题的研究，不仅仅需要进行运动问题的求解，而且土体的边界效应、动力接触非线性、材料非线性和输入地震动特征等都需加以考虑，诸多因素组合在一起使得求解动力相互作用问题变得尤为困难[29]。

1.3.2　土-结构相互作用研究现状

近年来中国建筑行业的发展十分迅速，结构的安全性越来越受到重视，SSI 问题的理论研究逐步展开。SSI 问题在理论分析和数值模拟的研究上取得了重大进步，由于 SSI 问题十分复杂，这些分析计算都是基于一些前提条件下的，因而结果也会出现不同程度的偏差，部分研究成果至今无法确定是否正确。因此，对 SSI 效应更加全面的认识与研究将极具价值。

土-结构相互作用的研究最早开始于 19 世纪，距今已有 100 多年。Lamb[30] 使用弹性半空间理论对弹性地基问题进行了分析；随后 Reissner 对 Lamb 解析进一步深化，并基于此前的研究求解出了在竖向荷载作用下针对刚性基础稳态解析解，同时这也标志着土-结构相互作用研究的正式开始。1953 年 Sung[31] 研究了不同类型振动作用及地基反力条件下结构基础的理论解。1955 年 Arnold[32] 及 Bycroft[33] 首次提出了频率会影响基础的地基动反力分布概念。1966 年 Lysmer 和 Richart[34] 提出了具有频率无关性的由质量-弹簧-阻尼器组成的集总参数模型。1967 年加速度峰值 Parmelee[35] 提出了的单一自由度模型，从而实现了地震反应分析时可以考虑结构、地基整体相互作用的影响，与此同时一些基本规律得到了很好的总结，使得更多学者对相互作用研究产生了兴趣。Tajimi（1969）[36] 和 Novak（1978）[37] 得出了圆柱形埋入式基础的近似解析模型，使得土-结构相互作用理论得到了进一步的发展。

20 世纪 70 年代后，伴随着数值计算方法迅猛发展，一些复杂地基形式上的土-结构相互作用问题的求解得以实现。与此同时，理论求解方面也在不断发展中，1972 年 Wass[38] 提出了能够反映地基水平方向无限延伸特性的传递边界理论，随后 Wass[39] 和 Tajimi[40] 提出了新的地基分析方法，即通过弹性半无限空间层状地基相互作用问题分析的薄层法。

Abascal 和 Dominguez（1985）[41]将 FEM-BEM 法应用到柔性基础的相互作用问题的分析中，进而求得了地基的动力反应。Karabalis 和 Beskos（1985）[42]以及 Gamtanaros 和 Karabalis（1988）[43]进一步将 FEM-BEM 方法应用到对埋置基础问题的分析中，分别求得了埋置地基模型的时域和频域解。阎俊义、金峰等[44]和 Lehmann[45]使用了将有限元与边界元耦合的方法来分析土-结构动力相互作用问题。

楼梦麟[46-48]通过一系列钢框架结构模型振动台试验研究了 SSI 效应对钢结构动力特性和地震反应的影响，表明考虑 SSI 效应后结构模型的基频比要比不考虑时小，结构的地震反应有所减小，自振周期有效延长。吕西林[49-50]通过利用群桩-土-桩波动阻抗效应，简化了桩基模型，使得考虑 SSI 效应更为简便。同时针对高层框架结构的研究建立了相应的有限元模型，使用因素分析方法对不同变量对结构动力相互作用体系地震反应的影响进行了细致的研究。数值计算结果表明，上部结构的动力反应并未随着土体动剪切模量的不断增加而一直增大；随着结构刚度增大，上部结构的加速度也随之增大。陈跃庆[51-52]进行了不同基础类型不同相似比下的振动台试验，软土地基中考虑 SSI 作用体系的频率远小于刚性地基，因此软土地基有滤波和隔震效果，桩身应变表现为顶部较大下部较小的倒三角形。尚守平[53-55]建立了六层框架高层有限元模型，表明考虑 SSI 效应后结构基频有所减小，结构的自振周期大大延长。与此同时在简化分析方面也取得了相当丰硕的成果，基于简化分析理论建立了简谐剪切波速激励下三维土-桩-结构线性耦合体系简化分析模型桩，结构采用简单的梁模型简化，结果表明耦合体系的固有频率受到结构的高度、质量以及地基土厚度、结构和地基土刚度等因素的影响。

1.4 土-隔震结构动力相互作用的研究方法

土-隔震结构动力相互作用作为土-结构动力相互作用的一个分支既有着土-结构动力相互作用的一般特点，同时由于隔震的加入使相互作用效应具有了新的特征，因此非常具有研究意义。

通常情况下，土-基础-隔震结构动力相互作用的分析方法主要分为以下几种：①模型试验，其主要可以用来研究土-基础-隔震结构相互作用对上部结构的地震反应的影响[56-57]；②数值分析法，即有限元方法（FEM）、边界元法（BEM）等，模拟出连接土与基础间的非线性介质，以及复合地基[58-59]；③简化计算方法，此法可快速计算出桩-基础-隔震结构相互作用系统的动力特性[60]。

1.4.1 模型试验

由于地震发生非常突然，因此要得到实测数据往往比较困难。因而，通过模型试验模拟地震对结构物的影响比较普遍，从而对理论和数值分析方法加以完善和改进。使用较广泛的模型试验方法主要有振动台试验和离心机试验。

模型试验即对原型结构按一定相似比进行缩尺，通过模拟真实应力环境，使得结构自重与原型情况相同。实验结果不但可以与理论分析进行对比分析，而且可以为现场施工提供参考依据。模型试验简单易操作、花费少、试验效果受环境影响小，同时由于试验一般采取理想化设计，使试验结果必然存在误差。离心机试验通过循环圆周运动，可以很好地模拟出模型所处的真实应力环境，使模型的应力水平更接近原型，因此模拟结果与原型结构动力反应以及应力应变关系都十分吻合，从而得到了广泛应用。目前离心机只可模拟小比例尺模型，且结构的边界效应无法消除，有待进一步优化，因此，模型试验条件限制较多。振动台模型试验是将结构按一定的相似比进行缩放，可较好地模拟出土体及结构的动力反应，同时可模拟二维、三维甚至多维地震动，可模拟较大尺寸模型。但其无法对加速度进行相似比设计，且无法预测土的无限边界对试验结果的影响，因此会对试验结果产生一定影响。

刘文光等[61]分别进行的小高宽比和大高宽比的高层隔震模型振动台实验，发现小高宽比模型仅出现了隔震层的剪切变形，而大高宽比模型上部结构也出现了一定的损伤。刘伟庆等通过不同土性地基高层隔震建筑振动台实验，研究个高层隔震建筑的隔震性能及其损伤影响[62]，最终得出结论认为 SSI 效应对隔震结构影响较小；庄海洋等分别对刚性地基和土性地基上隔震结构的地震反应进行了系列模型试验，对比分析了模型地基对隔震层的隔震效率和隔震结构动力反应规律[63]。

1.4.2 数值分析法

即有限元方法（FEM）、边界元法（BEM）等。

（1）有限元法

有限元法是由 Zienkiewicz 等人首先提出的。基本原理是将有限元模型按照规则划分成有限个形状不同大小也不相等的积分单元，并从每个单元中找出一个合适的结点作为函数的插值点。此方法对求解几何形状较复杂的模型非常适用。

在考虑 SSI 效应的地震反应分析中，有限元法可以对整个体系进行整体分析。并且能够充分考虑地基非线性以及地基条件的复杂性，准确模拟出土与结构间的动力接触。因此，在非线性问题的求解方面具有极大的优越性。

考虑土与结构相互作用的整体有限元分析主要有一步法和二步法两种，其主要区别是，一步法对整个有限元模型均采用精细的有限元离散，因此计算量极大；二步法则是先对上部结构进行了简化，然后对地基土做精细化离散，此法可以大大减小计算量。由于结构动力反应主要受到低阶振型的影响，因此，对上部结构进行适当简化以减少模型自由度对地基的地震反应的影响不大。

但有限元法处理动力问题是也存在不足之处，其一是为了满足计算精度的要求，网格一般划分较小，计算量往往较大；其二是从半无限空间中取出有限区域进行分析，无法充分考虑无限地基的辐射阻尼效应，这也是研究有限元问题的难点所在。已有的研究表明：地基的平面尺寸大于基础尺寸 5 倍左右时，人工边界地震波的反射作用可以忽略，此类边界称为远置边界[64]。

（2）边界元方法

边界元法是有限元法之后发展的一种较为精确有效的数值求解方法。通过离散桩-土界面以达到有效描述土性的目的，工作重点是在无限地基边界上定义边界积分方程为求解方程，对边界施加单位位移，然后使用加权函数积分边界力，使其在加权平均意义上满足无限地基边界条件，从而求出地基动力刚度。又由于它利用微分算子的解析的基本解作为边界积分方程的核函数，而具有解析与数值相结合的特点，通常具有较高的精度。特别是对于边界变量变化梯度较大的问题，如应力集中问题或边界变量出现奇异性的裂纹问题，边界元法被公认为比有限元法更加精确高效。

由于边界元法所利用的微分算子基本解能自动满足无限远处的条件，因而边界元法特别便于处理无限域以及半无限域问题。边界元法的主要缺点是它的应用范围以存在相应微分算子的基本解为前提，对于非均匀介质等问题难以应用，故其适用范围远不如有限元法广泛，而且通常由它建立的求解代数方程组的系数阵是非对称满阵，对解题规模产生较大限制。对一般的非线性问题，由于在方程中会出现域内积分项，从而部分抵消了边界元法只要离散边界的优点。

通过选取适当的加权函数这种方法能使波在无穷远处的辐射条件自动满足，它只要求对地基边界条件离散化，从而使所求解的问题下降一维，自由度数目显著减小，这样，三维问题的处理也变得较为容易。又由于它利用微分算子的解析的基本解作为边界积分方程的核函数，而具有解析与数值相结合的特点，通常具有较高的精度。然而，此方法具有一定的局限性，边界积分方程出现奇异以及复杂的地基形式权函数不容易选取等问题，同时在非均匀土体应用较困难[65]。

1.4.3 简化计算方法

简化分析法最早是由 Mcclelland 和 Focht 提出来的。目前，在结构的抗震分析时，对于桩-土-结构相互作用采用的分析方法存在一定的复杂性，使用起来也比较困难，耗费时间也较长，往往无法满足实际工程中设计方案频繁变更而产生的大量抗震分析的需要。因此，一些简化的模型产生很好地满足了设计人员这方面的需求。目前集总参数法使用比较普遍，即将地基用弹簧、阻尼等力学元件进行模拟，再根据结构地震的动力反应求解结构的动力反应，此方法较简便，但理论还不够完善。

李昌平[66]等，基于总参单元模型，试图将非隔震结构相互作用简化算法引入隔震结构中，此方法比复模态模型计算更加简单，同时适用性较广。于旭[67]等通过对土-隔震结构体系的层间剪力和层间变形进行改进，将简化计算结果、振动台模型试验结果以及《建筑抗震设计规范》GB 50011—2010 分析方法的计算结果进行对比分析，证明了简化计算方法的合理性，计算结果也表明此简化算法能很好地反应 SSI 效应的影响。Constantinou[68]等使用了相互作用系统的基频确定 SSI 效应对隔震结构的影响，同时研究了单一自由度下基础隔震结构的动力反应。Novak 等[69]研究了动刚度恒定的情况下多层剪切型结构的隔震系统中隔震支座的旋转效应特性，通过研究结构的模态特性分析出 SSI 效应的影响，同时一些重要简化分析方法也有所体现。Pender[70]通过把上部结构视为刚性体分析了建造在非线性土基上的非隔震结构的地震反应，并总结出地基可以视为天然的基础隔震系统。L. E. Pérez Rocha 等[71]将土体用线性弹簧和粘滞阻尼器代替，并研究了 SSI 效应对地震反应的影响，证明了 SSI 效应对结构底层剪力的影响相对位移来说更值得研究；Luco 等[72]测试了一个非线性基础隔震系统简化弹性模型在土-结构相互作用的影响下的反应，同时提出了一个简单的关于基础隔震系统变形以及共振下振幅依赖型频率可有效使用激振替代的上部结构的解析式。Spyrakos 等[73]调查了土-结构相互作用（SSI）对建于覆盖有刚性基岩同时受谐波震动弹性土层上的多层隔震结构地震反应的影响，同时大量参数研究表明在下沉、轻质结构或建于低阻尼场地土条件下 SSI 效应会非常显著。

1.5　研究课题的提出及本书研究内容

1.5.1　研究课题的提出

目前有关隔震结构的设计理论大多数是建立在刚性地基假定之上的，把结构的基础和地基看成是刚性体，不考虑地基对结构动力反应特性的影响。对于建在基岩上或者坚硬场地上的结构，地震波可以不改变地作用在结构的基底上。然而，对于建在软土地基上的结构，土将从以下三个方面将影响隔震结构的动力反应：第一，作用在结构-土体系统的输入地震动会发生变化；第二，结构物向外传播的波能辐射会增大最终动力体系的阻尼，从而降低结构的动力反应，但是不能够期望它对结构的地震反应有明显减小的作用；第三，由于土的存在，体系变得更加柔性，使得基频通常低于基底固定时的结构基频，基底产生的摇摆运动会影响结构的动力反应，在极端的情况下可能成为影响设计的控制因素。因此，日本现行《隔震结构设计规范》指出：隔震结构建在比较坚硬的场地时，建筑物-地基的相互作用的影响是很小的，然而，在软弱场地的情况下，地震动出现长周期化的同时，建筑物-地基的相互作用对输入地震波特性有可能产生相当大的影响[74]。

然而，建筑物-地基的相互作用的非线性机理的研究还尚不明确，尤其是对土体非线性的影响的研究尚不深入，已有的研究大多是以等效线性模型来考虑土体的材料非线性，并不能真实考虑土体的材料阻尼特性与非线性刚度衰减特性。因此，研究土-结构动力相互作用非线性机理的首要任务是深入研究土体的非线性动力特性，以及能够真实反映这些动力特性的土体本构模型。目前，在国内考虑 SSI 效应的隔震结构研究还比较少，大部分是通过数值模拟来分析，而且上部结构简化的过于简单，与实际工程问题相差甚远，绝大部分结论并未能得到试验的验证。因此，对考虑 SSI 效应的隔震结构体系进行系统的理论和试验研究也是很有必要的。同时，考虑 SSI 效应后，隔震结构体系的动力反应总是与刚性地基假定下的结果有差别，这种差别在一定程度范围内可以忽略，此时按刚性地基假定进行设计是安全的。但是，目前的主要问题是考虑 SSI 效应后，这种差别有多大？什么时候可以认为 SSI 效应对结构控制性能的影响可以忽略？如何在隔震结构设计中对 SSI 效应加以考虑？这些问题都需要进行认真仔细的研究。

1.5.2　本书主要内容

本书基于土-结构动力相互作用基本原理，首先，第 2 章介绍了土-桩-隔震结构动力相互作用的数值模拟技术，即主要介绍了有限元数值计算方法中描述软土非线性动力学特性的本构模型，隔震结构基础混凝土材料的粘弹塑性动力学损伤本构模型，铅芯橡胶支座的非线性恢复力模型，土-桩动力相互作用的接触处理方法等，以及土-桩-隔震结构动力相互作用体系的有限割断地基边界的处理方法和动力平衡方程的积分方法等内容。本章相关内容可为土-结构动力相互作用的相关有限元数值计算方法提供合理的指导和参考。

第 3 章介绍了土-桩-隔震结构动力相互作用大型振动台模型试验方法，即相互作用体系的模型试验相似比设计原则，模型地基土的物理力学特性与模型地基的制作方法，模型隔震结构的设计与制作方法，模型隔震支座的设计与力学特征的测定，以及隔震结构模型桩基础的设计与制作方法等。同时，介绍了模型试验体系不同部位的传感器布置方案及其实验加载方案。本章相关内容能够为土-结构动力相互作用的大型振动台模型试验的设计与施工提供科学的指导和有价值的参考。

第 4 章主要分析了刚性基础上隔震结构动力反应的振动台模型试验结果，即主要给出了刚性基础上隔震结构的层间变形、层间剪力、隔震层的恢复力和位移等反应规律与特征，该章的试验结果也作为后面分析 SSI 效应对隔震结构动力反应的影响时提供合理的对比内容。

第 5 章主要分析了一般土性地基上隔震结构动力反应的振动台模型试验结果。具体分析了土性地基上隔震结构体系的动力反应特征、隔震层的隔震效率、模型地基的动力反应规律，以及验证了模型地基边界效应问题。探讨了一般土性地基上土-桩-隔震结构动力相互作用体系的动力反应规律，给出了 SSI 效应对隔震结构的隔震层隔震效率的影响规律。本章研究结果能够为考虑 SSI 效应时相关隔震结构的设计和计算提供科学依据和试验验证。

第 6 章主要介绍了软夹层地基上隔震结构动力反应的振动台试验结果。具体分析了软夹层地基的振动特性、隔震层的动力反应特征及其隔震结构的动力反应规律，重点分析了软夹层地基上基础与隔震层的转动效应，以及该特殊地基上 SSI 效应对隔震层和隔震结构动力反应的影响规律。本章研究结果能够为软夹层地基上隔震结构的设计和计算方法提供科学依据和有价值的指导。

第 7 章主要对前面几章介绍的不同地基上土-桩-隔震结构动力相互作用体系的试验结果进行对比分析，给出了地基刚度变化对相互作用体系动力反应的影响规律，尤其是对隔震层隔震效率的影响规律。本章的研究成果有助于完善考虑 SSI 效应的不同场地上隔震结构抗震设计理论和地震安全性评价，能为隔震结构抗震设计相关规范提供合理的参考与指导。

第 8 章主要介绍了不同地基上土-桩-隔震结构动力相互作用体系有限元数值计算结果与试验结果的对比分析，验证了相互作用体系的三维有限元计算模型的正确性和可靠性。基于有限元计算结果，进一步分析了 SSI 效应对隔震结构地震反应的影响，以及软夹层地基基础隔震与非隔震结构的地震反应规律。

第 9 章主要介绍了基于集中质量法建立的土-桩-隔震结构动力相互作用的简化分析模型及其计算方法，通过简化方法计算结果与模型试验结果的对比分析，进一步验证了简化计算模型及其计算方法的可行性和可靠性。同时，基于建立的简化计算方法，分析了主要模型参数对土-桩-隔震结构动力相互作用体系动力学特征的影响规律。本章研究成果可直接用于考虑 SSI 效应时桩基基础上隔震结构抗震设计和工程计算。

第 10 章提出了基于能量法的土-桩-隔震结构动力相互作用体系的能量反应平衡方程，在此基础上对软夹层地基上土-桩-隔震结构动力相互作用体系和刚性地基上隔震结构体系振动台模型试验的结果进行了能量分析，研究了软夹层地基上土-桩-隔震结构体系和刚性地基上隔震结构体系的耗能反应分配特征，研究了软夹层地基上 SSI 效应对隔震结构耗能反应的影响机理及其规律。本章的研究成果有助于更好地理解软弱地基隔震结构的隔震机理及其性能，完善软弱地基上隔震结构的抗震设计理论。

第 2 章 土-桩-隔震结构动力相互作用有限元分析方法

2.1 引言

土体与结构物的动力相互作用问题（简称 SSI），是一个涉及土动力学、结构动力学、非线性振动理论、地震工程学、岩土及结构抗震工程学、计算力学及计算机技术等众多学科的交叉性研究课题，也是一个涉及非线性、大变形、接触面、局部不连续等当代力学领域众多理论与技术热点的前沿性研究课题，因此土-结构动力相互作用是一个非常复杂的课题。对于建于土层地基上的桩基础隔震结构，在强地震动作用下土体呈现出强非线性特征，并伴随着土体的软化或液化现象，且在这个过程中同时还伴随着桩（基础）-土之间滑移、分离、继而闭合的非线性接触现象。同时，由于隔震装置（隔震支座、阻尼器）的引入，使得土-隔震结构的动力相互作用问题更加复杂。考虑到试验和理论研究的困难与不足，有限元数值模拟已成为研究土-结构动力相互作用问题的重要手段。

目前，可进行土-结构动力相互作用计算分析的有限元软件较多，其中 ABAQUS 是功能最强的大型通用有限元分析软件之一，具有广泛的模拟性能，在国内外工程界和学术界赢得了声誉和信赖。它不仅可以分析各种复杂线性和非线性固体力学问题，而且不断向多物理场混合模拟方向发展，做到系统级的分析和研究，其优异的分析能力和二次开发能力使得其在土木工程中得到大量的成功应用，本书作者庄海洋等人曾开展基于 ABAQUS 平台的土-地下结构动力相互作用的数值计算分析，并进行了试验与数值计算结果进行对比分析，分析结果表明：基于 ABAQUS 平台进行土-结构动力相互作用计算其成果具有较高的可信度。

在强地震动发生时，土-桩-隔震结构动力相互作用是一个非常复杂的强非线性问题，考虑到 ABAQUS 所具有的优点及其广阔的二次开发空间，本章重点探讨了基于 ABAQUS 软件求解土-桩-隔震结构非线性动力相互作用时的一系列关键技术处理方法。

2.2 土-桩-隔震结构动力相互作用的非线性问题

2.2.1 土体的非线性动力本构模型研究

庄海洋等曾在《岩土工程学报》第 10 期上发表了题为"土体动力粘塑性记忆型嵌套面本构模型及其验证"的论文[74]，该文基于广义塑性力学，通过记忆任一时刻的加载反向面、破坏面和与加载反向面内切的初始加载面，采用等向硬化和随动硬化相结合的硬化模量场理论确定屈服面的变化规律，建立了一个土体粘塑性记忆型嵌套面本构模型。采用动三轴的试验结果验证了该模型的可行性，同时，在 ABAQUS 软件平台上实现了该模型的算法，并对南京某较厚软土层的典型软弱地基的地震反应进行了分析，其结果符合软弱地基非线性地震反应的一般规律，初步验证了已建立模型在进行自由场地地震反应分析或土—结构动力相互作用分析中的可用性[64]。

在已建立的土体动力粘塑性记忆型嵌套面本构模型中，对空间锥形屈服面变化时屈服面锥角 α_θ 的变化规律作了基本假定：当屈服面只发生等向硬化时锥角 α_θ 按一定的规律变化，当屈服面发生混合硬化时假定锥角 α_θ 的大小为应力反向时对应的反向面的锥角并保持定值。上述假定简化了对应计算公式的推导，对以剪切屈服为主的水平向地震作用下土体动力特性的描述是可行的，但该假定是近似而不严格的，与土体在循环荷载作用下空间屈服面在子午平面上投影线的变化规律不符，因此，本文对已建立的上述土体动力本构模型进行了进一步改进，不再对空间锥形屈服面变化时屈服面锥角 α_θ 的变化规律作假定，按照土体在循环荷载作用下空间屈服面在子午平面上投影线的实际变化规律，建立屈服面硬化参数的增量表达式，完善了该模型的理论基础，并对比分析了分别使用改进后模型和改进前模型计算同一场地地震反应分析实例的计算结果。

1. 土体动力粘塑性记忆型嵌套面模型的改进

由于岩土材料（特别是软土）几乎不存在一个纯弹性变形阶段，因此，规定在初始加荷和应力反向后的瞬间为点屈服面，屈服面形式为[75]：

$$f=\alpha_\theta p+\sqrt{\frac{1}{2}(S_{ij}-\alpha_{ij})\cdot(S_{ij}-\alpha_{ij})}-k_\theta=0 \qquad (2\text{-}1)$$

式中 α_{ij} 都为运动硬化参数，由上式可以得到加卸载面的半径为：

$$r=\sqrt{2J_2}=\sqrt{2}(k_\theta-\alpha_\theta p) \qquad (2\text{-}2)$$

参照文献 [76]，认为屈服面在初始加载点从点屈服面开始只发生等向硬化，即有：$\alpha_{ij}=0$。当开始加卸载时，屈服面在应力反向点处开始从点屈服面开始发生混合硬化，硬化后的屈服面都为应力反向点的内切面，在此时记忆反向应力点所在的屈服面，当应力反向后屈服面超过最新的反向面后，引入零圆心位置上的最新反向面的内切面，超过该面后屈服面遵循初始加载面的硬化规律，因此，在任一时刻，只需记忆破坏面 F、当前屈服面 f 和最新的反向面 f_r，具体的应力路径见图 2-1。

模型中 α_θ、α_{ij} 和 k_θ 为控制屈服面硬化法则的三个参数，在初始加载段，屈服面的变化采用等向硬化法则，初始加载时屈服面在子午平面投影的示意图见图 2-2。

根据屈服面在子午平面内的屈服线与横轴的交点 P 的坐标不变的原则，有：

$$p_0=K/\alpha=k_\theta/\alpha_\theta \qquad (2\text{-}3)$$

P 点对应的应力空间中的应力点坐标为 (p_0, p_0, p_0)。

根据加载面函数（2-1）及其相容条件得到偏量变化后的方程组并略去部分二阶微量可得：

$$dk_\theta=\alpha_\theta\cdot dp+(p+2\cdot dp)\cdot d\alpha_\theta+\frac{(S_{ij}-\alpha_{ij}+dS_{ij})\cdot(dS_{ij}-d\alpha_{ij})}{2J} \qquad (2\text{-}4)$$

式中：

$$J=\sqrt{\frac{1}{2}(S_{ij}-\alpha_{ij}+dS_{ij})\cdot(S_{ij}-\alpha_{ij}+dS_{ij})} \tag{2-5}$$

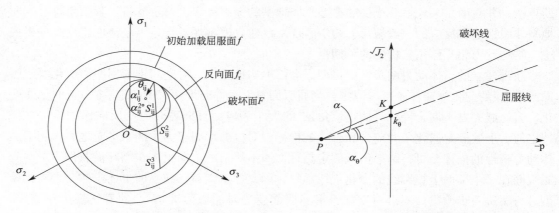

图 2-1　应力平面内记忆面分布　　　　图 2-2　初始加载时屈服面在子午平面投影

在初始加载段，采用等向硬化法则，即 $\alpha_{ij}=0$，同时根据公式（2-3）有：

$$d\alpha_{\theta}=dk_{\theta}/p_0 \tag{2-6}$$

把（2-6）式和 $\alpha_{ij}=0$ 代入公式（2-4）有：

$$dk_{\theta}=\frac{2\alpha_{\theta}p_0 J\cdot dp+p_0(S_{ij}+dS_{ij})dS_{ij}}{2\cdot J\cdot(p_0-p-2\cdot dp)} \tag{2-7}$$

在加卸载阶段采用随动硬化和混合硬化相结合的屈服面混合硬化规则，所有锥形屈服面的定点都为 P 点，在应力空间内屈服面的硬化规则见图 2-3。在子午平面内加卸载屈服面的屈服线有两条，其中一条屈服线与反向面对应的反向线重合，如图 2-4 所示。

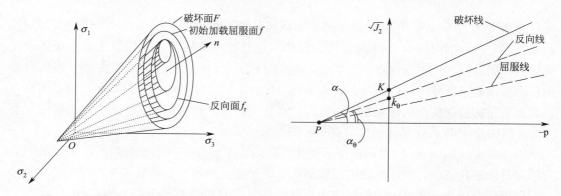

图 2-3　屈服面在应力空间上的记忆面　　　图 2-4　加卸载时屈服面在子午平面投影的示意图

根据在应力空间中屈服面与破坏面一定交于 P 点的原则，则把 P 点坐标代入公式（2-1）等式一定成立，即有：

$$\alpha_{\theta}p_0+\sqrt{\frac{1}{2}(S'_{ij}-\alpha_{ij})\cdot(S'_{ij}-\alpha_{ij})}-k_{\theta}=0 \tag{2-8}$$

式中 S'_{ij} 为 P 点对应的空间应力点。分别对公式（2-2）和（2-8）的两边取微分并略去部分二阶偏量，可得：

$$dr = \sqrt{2}(dk_\theta - \alpha_\theta \cdot dp - (p + dp) \cdot d\alpha_\theta) \tag{2-9}$$

$$dk_\theta = p_0 \cdot d\alpha_\theta - \frac{(S'_{ij} - \alpha_{ij}) \cdot d\alpha_{ij}}{2J'} \tag{2-10}$$

式中:

$$J' = \sqrt{\frac{1}{2}(S'_{ij} - \alpha_{ij}) \cdot (S'_{ij} - \alpha_{ij})} \tag{2-11}$$

根据屈服面半径与随动硬化的中心应力点之间的关系,有:

$$d\alpha_{ij} = dr \cdot \theta_{ij} = \sqrt{2}\theta_{ij}(dk_\theta - \alpha_\theta \cdot dp - (p + dp) \cdot d\alpha_\theta) \tag{2-12}$$

θ_{ij} 为应力反向点指向应力反向面中心的单位矢量。根据公式(2-4)、(2-10)和(2-13)联合求解可得:

$$d\alpha_{ij} = \frac{\sqrt{2}\theta_{ij} \cdot [(p_0 - p - dp)A' - (p_0 - p - 2 \cdot dp)\alpha_\theta \cdot dp]}{\sqrt{2}\theta_{ij} \cdot [(p_0 - p - dp) \cdot A - B \cdot dp] + (p_0 - p - 2 \cdot dp)} \tag{2-13}$$

$$d\alpha_\theta = \frac{B - A}{p_0 - p - 2 \cdot dp}d\alpha_{ij} + \frac{A'}{p_0 - p - 2 \cdot dp} \tag{2-14}$$

$$dk_\theta = \frac{B - A}{p_0 - p - 2 \cdot dp}p_0 d\alpha_{ij} + \frac{A'}{p_0 - p - 2 \cdot dp}p_0 - Bd\alpha_{ij} \tag{2-15}$$

式中: $A = \frac{(S_{ij} + dS_{ij} - \alpha_{ij})}{2J}$; $B = \frac{(S'_{ij} - \alpha_{ij})}{2J'}$; $A' = \alpha_\theta dp + AdS_{ij}$

根据相关联流动法则,可得最终的弹塑性应力-应变关系表达式为:

$$d\sigma_{ij} = Bd\varepsilon_{kk}\delta_{ij} + 2Gde_{ij} - (2G - H_t)\frac{(S_{ij} - \alpha_{ij})}{2(k_\theta - \alpha_\theta p)^2}(S_{kl} - \alpha_{kl})d\varepsilon_{kl} \tag{2-16}$$

式中 H_t 称为弹塑性剪切模量,与剪切模量 G 和塑性硬化模量 H 之间的关系式为:

$$\frac{1}{H_t} = \frac{1}{2G} + \frac{1}{H} \tag{2-17}$$

参照 Pyke 的做法,采用双曲线表示初始加荷时的应力应变关系,有:

$$H_t = H_{t,max}\left(1 - \frac{r}{r_{max}}\right)^2 \tag{2-18}$$

关于初始模量的衰减特性和加卸载应力应变关系不同的考虑参照参考文献[76]的计算方法。

根据公式(2-17)有:

$$H_{t,max} = 2 \cdot G_{max} \tag{2-19}$$

式中 G_{max} 为土的最大剪切模量,可通过现场波速法或室内试验法确定。

对于土体地震反应的真非线性计算,土体的滞回阻尼已直接隐含在恢复力一项中[77],为了考虑土体的粘性效应,按瑞雷(Rayleigh)阻尼的概念定义粘性阻尼阵为:

$$[C] = \alpha_0[M] + \alpha_1[K] \tag{2-20}$$

式中: α_0、α_1 为瑞雷阻尼系数。

利用振型对瑞雷阻尼矩阵的正交性,有

$$\xi_j = \frac{1}{2}(\alpha_0/\omega_j + \alpha_1\omega_j) \tag{2-21}$$

式中　ξ_j——第 j 振型阻尼比，通常取 $2\%\sim3\%$；

ω_j——第 j 振型的自振频率。

为与 ABAQUS 软件子程序接口相一致，假设阻尼矩阵只与刚度矩阵有关，因此有

$$\alpha_0=0,\alpha_1=2\xi_1/\omega_1 \tag{2-22}$$

由总应变速率引起的阻尼力为：

$$\sigma'_{ij}=\alpha_1 D^{el}\dot{\varepsilon}_{ij} \tag{2-23}$$

式中：D^{el} 为初始弹性刚度矩阵。

因此，最终的应力-应变关系为：

$$\sigma^{t+\Delta t}_{ij}=\tilde{\sigma}^{t+\Delta t}_{ij}+\alpha_1 D^{el}\dot{\varepsilon}^{t+\Delta t}_{ij} \tag{2-24}$$

2. 算例对比分析

为了分析改进后模型与改进前模型的区别，分别采用两个模型描述土体在循环荷载下的本构关系，对宽度为 50m 和厚度也为 50m 的均质自由场地地震反应进行了二维有限元分析，土体的模型初始参数取值见表 2-1，需要说明的是在采用总应力法进行场地地震反应分析时不考虑孔隙水的瞬间排出，因此，土体的泊松比取 0.49。基岩输入地震动采用 1995 年日本阪神地震中记录的强震加速度时程，把输入加速度时程的峰值加速度度调整为 $0.2g$，取时程为 30s，Kobe 波的原始加速度时程见图 2-5。

模型参数的初始值　　　　　　　　　　　　　　　表 2-1

模型参数	参数值	模型参数	参数值
参考剪应变 γ	3.6×10^{-4}	重度 ρ	19.3kN/m^3
内摩擦角 φ	$16°$	泊松比 ν	0.49
洛德角 θ	$30°$	粘滞阻尼系数 α_1	0.006
剪切波速 v_s	173m/s	—	—

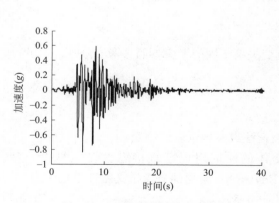

图 2-5　Kobe 波的加速度时程

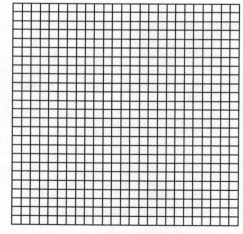

图 2-6　有限元计算网格

把改进后的模型嵌入大型商用有限元软件 ABAQUS 中，在计算中采用四结点平面应变单元划分土体，场地底面采用固定边界，两侧采用自由边界，整个场地的有限元计算网格见图 2-6。

图 2-7 分别给出了自由场地内部某点和地表某点处的加速度反应时程，使用改进后模型时，土体内部某点处的加速度时程峰值明显比使用改进前模型时的峰值小，而土体地表处某点的加速度峰值又明显比使用改进前模型时的峰值大；图 2-8 为场地内部某点处的剪应变反应时程，与使用改进前模型时相比，使用改进后模型时剪应变时程明显向上偏移，根据图 2-9 可知，使用改进后模型时土体某点的剪应力与剪应变关系的滞回圈明显变得丰满，表明土体的滞回阻尼更大。

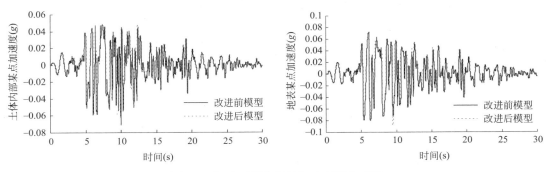

图 2-7 场地不同位置的加速度反应时程

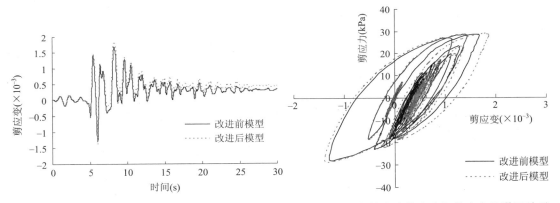

图 2-8 场地内某点处的剪应变时程　　图 2-9 场地内某点处剪应力与剪应变的滞回关系

对比分析结果表明：原先对空间锥形屈服面变化时屈服面锥角的变化规律所做的假定存在一定的误差，按照土体在循环荷载作用下空间屈服面在子午平面上投影线的实际变化规律，能够精确地建立屈服面锥角变化的计算公式，通过算例，证明了相关计算公式的正确性。

2.2.2 钢筋混凝土的非线性动力本构模型

1. 混凝土的本构模型

对于混凝土材料的非线性动力本构模型，目前常用的有传统弹塑性模型和塑性损伤模型[78-81]。混凝土宏观的力学行为通常采用传统弹塑性模型来模拟是可行的，但混凝土的破坏过程明显区别于金属和玻璃等均质材料的破坏发展过程。混凝土破坏的微观力学行为是内部裂缝萌生、扩展、贯通进而失稳的过程，尤其对循环荷载作用下钢筋混凝土，由这种微观破坏过程而引起的刚度衰减现象更为明显，用传统塑性本构模型很难模拟混凝土在循环荷载作用下的微观破坏力学行为，采用连续损伤力学理论来研究混凝土的动态破坏力学行为已取得了很大的突破[82]。

在土-桩-隔震结构动力相互作用计算中桩体混凝土材料采用损伤塑性模型比较合理，其原因在于：该模型在充分考虑了各种材料抗压性能方面的差异下，提供了广泛适用的材料模型，从而分析混凝土材料在循环加载和动态加载条件下，混凝土材料结构的力学响应特性，能够反映出材料在动态加载时结构的力学特性的变化趋势。图 2-10 和图 2-11 分别给出了模型在单轴拉伸和单轴压缩条件下的本构关系曲线。

当混凝土构件从曲线的软化段卸载时，卸载段曲率减小，表明材料的弹性刚度产生折减，弹性刚度的折减程度可以用 d_t 和 d_c 表示：

$$d_t = d_t(\varepsilon_t^{pl}, q, f_i), 0 \leq d_c \leq 1 \tag{2-25}$$

$$d_c = d_c(\widetilde{\varepsilon}_c^{pl}, \theta, f_i), 0 \leq d_t \leq 1 \tag{2-26}$$

它们分别为塑性应变 ε_t^{pl} 和 ε_c^{pl}、温度 θ 和场变量 f_i 的函数。损伤因子的取值范围为 0～1，其中 0 为无损伤，1 为完全损伤。

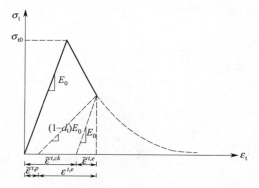

图 2-10　单轴拉伸下的应力应变曲线

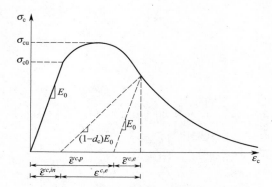

图 2-11　单轴压缩下的应力应变曲线

用 E_0 表示材料的初始弹性刚度，则单轴拉伸和压缩下的应力应变关系为：

$$\sigma_t = (1 - d_t) E_0 (\varepsilon_t - \widetilde{\varepsilon}_t^{pl}) \tag{2-27}$$

$$\sigma_c = (1 - d_c) E_0 (\varepsilon_c - \widetilde{\varepsilon}_c^{pl}) \tag{2-28}$$

则有效拉伸应力和有效压缩应力分别为：

$$\bar{\sigma}_t = \frac{\sigma_t}{(1 - d_t)} = E_0 (\varepsilon_t - \widetilde{\varepsilon}_t^{pl}) \tag{2-29}$$

$$\bar{\sigma}_c = \frac{\sigma_c}{(1 - d_c)} = E_0 (\varepsilon_c - \widetilde{\varepsilon}_c^{pl}) \tag{2-30}$$

有效粘聚应力取决于破坏面（屈服面）的大小。

假设混凝土材料已经损伤，因此模型损伤后的弹性模量可以表示为：

$$E = (1 - d) E_0 \tag{2-31}$$

式中，d 是与应力状态和单轴损伤变量 d_t 和 d_c 的相关函数。在单轴循环荷载下，假定其满足如下公式：

$$1-d=1-s_{t}d_{c}(1-s_{c}d_{t}) \tag{2-32}$$

式中，s_{t} 和 s_{c} 分别为与应力反向刚度有关的刚度恢复下的应力状态函数，具体可做如下定义：

$$s_{t}=1-\omega_{t}r^{*}\sigma_{11},0\leqslant\omega_{t}\leqslant1 \tag{2-33}$$

$$s_{c}=1-\omega_{c}r^{*}\sigma_{11},0\leqslant\omega_{c}\leqslant1 \tag{2-34}$$

其中：

$$r^{*}(\sigma_{11})=H(\sigma_{11})=\begin{cases}1,\sigma_{11}>0\\0,\sigma_{11}<0\end{cases} \tag{2-35}$$

ω_{t} 和 ω_{c} 为表示权重因子，主要功能是控制在反向荷载下拉伸和压缩刚度的恢复程度。该模型考虑了在拉伸和压缩作用下材料具有不同的强度特征，其屈服函数表达式如下所示：

$$F=\frac{1}{1-\alpha}(\bar{q}-3\alpha\bar{p}+\beta(\widetilde{\varepsilon}^{pl})\hat{\sigma}_{\max}-\gamma-\hat{\sigma}_{\max})-\bar{\sigma}_{c}(\widetilde{\varepsilon}^{pl})=0 \tag{2-36}$$

式中，$\alpha=\dfrac{(\sigma_{b0}/\sigma_{c0})-1}{2(\sigma_{b0}/\sigma_{c0})-1}$；$0\leqslant\alpha\leqslant0.5$，$\beta=\dfrac{\bar{\sigma}_{c}(\widetilde{\varepsilon}_{c}^{pl})}{\bar{\sigma}_{t}(\widetilde{\varepsilon}_{t}^{pl})}(1-\alpha)-(1+\alpha)$，$\gamma=\dfrac{3(1-K_{c})}{2K_{c}-1}$

$\hat{\sigma}_{\max}$ 为最大等效应力，α 中的 σ_{b0}/σ_{c0} 表示初始双轴屈服压应力与初始单轴屈服压应力的比值，默认值为 1.16，γ 中的 K_{c} 表示拉应力第二不变量与压应力第二不变量的比值，默认值为 2/3。

当荷载由拉伸荷载变为压缩荷载时，受拉时所形成的裂纹闭合后，其刚度仍然可以恢复；然而，当荷载由压力变为拉力时，一旦出现裂纹，拉伸刚度将无法得到恢复，因此，在 ABAQUS 有限元软件中，该默认值为 $\omega_{t}=0$、$\omega_{c}=1$。

2. 钢筋的本构模型

钢筋在循环荷载作用下的应力-应变关系曲线可采用双折线型本构模型模拟，同时可考虑随动硬化。双折线模型中钢筋屈服后的弹性模量一般可以取为初始弹性模量的 0.01～0.02 倍。此外，在混凝土结构的非线性宏观分析模型中，理想弹塑性模型（不考虑硬化）的也是一种经常使用的钢材本构模型。

2.2.3 铅芯橡胶支座的非线性恢复力模型

现有的铅芯橡胶支座恢复力模型中，常见的有双线性模型、修正双线性模型、Ramberg-Osgood 模型、Wen 模型以及修正双线性＋Ramberg-Osgood 模型。铅芯橡胶支座试验滞回曲线表现出双线性型的恢复力特性，计算分析通常采用该模型。冯德民等[83]将修正双线性模型与 Ramberg-Osgood 模型组合来模拟铅芯橡胶支座，该模型在各个方面（等效刚度、等效阻尼、能量耗散等）与试验结果都取得了很好的一致性，日本免震协会推荐使用该模型来模拟铅芯橡胶支座，日本的结构分析软件

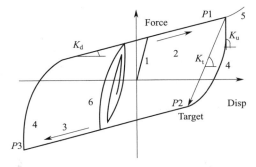

图 2-12 修正双线性-RO 模型

ADAM/DYNA 也将其纳入了单元库。该模型骨架曲线与修正双线性模型相同，滞回曲线加载段采用双线性模型、卸载段采用 Ramberg-Osgood 模型。如图 2-12 所示，其加卸载规则描述如下：

规则 1：弹性段。$K_1 = K_0$，K_0 为初始弹性刚度。

规则 2(3)：修正双线性正负侧加载。$f = K_d \cdot d \pm Q_d$，K_d、Q_d 分别为二次刚度和屈服力，一般取为应变的函数。

规则 4：RO 加卸载段。由加卸载刚度 K_u、加卸载点 $P1(d_0, f_0)$ 和目标点 $P2(d_t, f_t)$ 决定，其中 $P2$ 为 K_t 与 2(3) 的交点。

规则 5：由橡胶材料决定的骨架曲线硬化规则。

规则 6：重复 RO 加卸载规则。

RO 加卸载曲线方程为：

$$d - d_0 = (f - f_0)(A + B|f - f_0|^{\gamma-1}) \tag{2-37}$$

其中：$A = \dfrac{1}{K_u}$，$B = \dfrac{1}{|f_t - f_0|^{\gamma-1}}\left(\dfrac{d_t - d_0}{f_t - f_0} - \dfrac{1}{K_u}\right)$，$\gamma$ 为 Ramberg 指数。因此，RO 加卸载段的刚度为：

$$\frac{\partial f}{\partial d} = \frac{1}{A + B\gamma|f - f_0|^{\gamma-1}} \tag{2-38}$$

由于 ABAQUS 没有针对铅芯橡胶支座的单元，铅芯橡胶支座通过在三个方向建立非线性弹簧并施加阻尼模拟，通过非线性弹簧的用户子程序可实现修正双线性＋RO 模型（BRO 模型）的算法。

2.2.4　土-桩动力相互作用的接触非线性

有限元分析中处理接触问题的方法通常有两种，一种是通过在两种接触的介质之间建立接触单元，通过接触单元特殊的本构关系来模拟接触面的力学行为，这些接触单元主要包括 Goodman 单元、膜单元和无厚度单元等[84-86]，这一方法在静力接触问题的分析中得到了广泛的应用；另一种方法是直接通过定义不同介质之间接触表面对（Master-Slaver surface）的力学传递特性[87-88]，建立接触面力传递的力学模型和接触方程，通过接触算法求解接触方程，该方法非常实用于模拟在接触表明发生大位移滑动和接触面分离与闭合不断转化的动力接触问题。因此，本书中也采用第二种方法来模拟土-桩的动力接触力学行为。

1. 接触面的力学行为[89]

当两种介质接触面相互接触时，法向接触力就通过在接触面对之间建立的接触约束相互传递，接触面对上建立起来的离散单元结点对之间满足位移协调条件和虎克定律；当接触面对发生分离时，接触面对之间的接触约束将会被取消，介质边界将转化为普通边界，接触面上法向接触力与接触面距离的关系见图 2-13。

由于土与桩之间接触面为非光滑表面，当接触面间传递法向力的同时也将传递切向力，当切向力超过一个临界值 τ_{crit} 时，接触面对之间就会产生相对滑动。粗糙接触面的摩擦理论通常采用库伦（Coulumb）摩擦定律，如式（2-39）所示：

$$\tau_{\mathrm{crit}} = \mu \cdot P \tag{2-39}$$

式中：μ 为摩擦系数；P 为法向接触力。

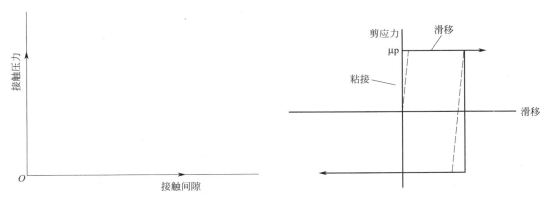

图 2-13 接触压力与接触间隙的关系   图 2-14 接触面切向摩擦行为

当接触面间的剪应力小于摩擦力临界值时，接触面间没有相对位移，处于粘滞状态；当接触面间的剪应力大于摩擦力临界值时，接触面间将发生相对滑动，切向剪应力与滑移距离的关系见图 2-14。接触面从粘滞状态转化为滑动状态时产生的力学不连续性经常导致有限元算法的不收敛，因此在 ABAQUS 中引入"弹性滑移"的概念，该方法是指接触面处于粘滞状态时，假设接触面已经发生非常微小的相对滑移，这种切向剪应力与"弹性滑移"之间的关系如图 2-14 中虚线所示。

接触面的摩擦力有动摩擦力和静摩擦力两种，在摩擦力由静力状态转化为动力状态时，摩擦系数也将发生改变，一般动摩擦系数小于静摩擦系数，它们的关系可用指数函数表示：

$$\mu = \mu_{\mathrm{k}} + (\mu_{\mathrm{s}} - \mu_{\mathrm{k}}) e^{-d_{\mathrm{c}} \dot{\gamma}_{\mathrm{eq}}} \tag{2-40}$$

式中，μ_{k} 为动力摩擦系数，μ_{s} 为静力摩擦系数，$\dot{\gamma}_{\mathrm{eq}}$ 为接触面的切向等效剪应变，d_{c} 为拟合参数。

2. 动力接触问题的数值算法

动力接触问题是一个非常复杂的不连续力学问题，在非线性问题的求解过程中，在每个增量分析中都必须判断接触面的接触状态，这是一个循环迭代的过程，具体迭代过程见图 2-15，图中 P 代表接触面上节点法向接触力，h 代表接触面相互侵入的距离。

动力接触的数值算法有 Lagrange 乘子法、Penalty 法、修正 Lagrange 乘子法和线性补偿法，前两种方法的应用较广。

（1）Lagrange 乘子法[90-92]

Lagrange 乘子法是用来求解带约束的函数或泛函极值问题的方法。其思想是通过引入 Lagrange 乘子将约束极值问题转化为无约束极值问题。在动接触问题中将接触条件视为能量泛函的约束条件，于是动力接触问题就可看作是带约束的泛函极值问题。引入 Lagrange 乘子对 Hamilton 原理中的能量泛函进行修正得：

$$\Pi(\mathrm{U}, \Lambda) = \sum \pi_{\mathrm{i}}(U) + \int_t^{t+\Delta t} \int_{S_c} \Lambda^T (BU - \gamma) \, \mathrm{d}S \mathrm{d}t \tag{2-41}$$

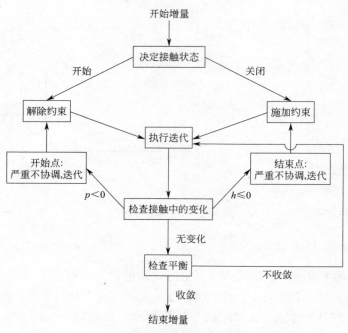

图 2-15　动力接触面数值算法的迭代过程（ABAQUS）

式中 Π 代表能量泛函；π_i 为第 i 个物体的总势能；U 是位移矩阵；B 为接触约束矩阵；S_c 为接触面边界；S 为接触面的面积；Λ 为 Lagrange 乘子向量，其元素个数等于接触条件包含的方程个数。对于不同的接触状态，由于接触条件有所不同，因此上式最后一项的表达因接触状态而异。在用有限元法求解这个问题时，对泛函式（2-41）取变分并令其为零，即：

$$\delta \Pi(U, \Lambda) = \sum \delta \pi_i(U) + \int_t^{t+\Delta t} \delta \int_{S_c} \Lambda^T (BU - \gamma) \, \mathrm{d}S \mathrm{d}t = 0 \qquad (2\text{-}42)$$

最终可得动力接触问题的动力控制方程为：

$$\begin{bmatrix} M & 0 \\ 0 & 0 \end{bmatrix} \begin{Bmatrix} \ddot{U} \\ 0 \end{Bmatrix} + \begin{bmatrix} C & 0 \\ 0 & 0 \end{bmatrix} \begin{Bmatrix} \dot{U} \\ 0 \end{Bmatrix} + \begin{bmatrix} K & B^T \\ B & 0 \end{bmatrix} \begin{Bmatrix} U \\ \Lambda \end{Bmatrix} = \begin{Bmatrix} F \\ \gamma \end{Bmatrix} \qquad (2\text{-}43)$$

式中 F 为已知的外荷载向量矩阵；M 位质量矩阵。

（2）Penalty 法[93-94]

用 Penalty 法处理动力接触问题，就是要求解下述泛函极值问题：

$$\Pi(U) = \sum \pi_i(U) + \int_t^{t+\Delta t} \int_{S_c} \alpha (BU - \gamma)^T (BU - \gamma) \, \mathrm{d}S \mathrm{d}t \qquad (2\text{-}44)$$

式中 α 为罚因子，当 $\alpha \to \infty$ 时，接触条件精确满足，即：

$$BU - \gamma = 0 \qquad (2\text{-}45)$$

采用虚功原理并进行有限元离散，最终可得动力接触问题的动力控制方程为：

$$M\ddot{U} + C\dot{U} + (K + \alpha B^T B)U = F + \alpha B^T \gamma \qquad (2\text{-}46)$$

2.3　土-桩-隔震结构动力相互作用体系的人工边界

　　用有限元法分析土-桩-隔震结构非线性动力相互作用时，必须把实际上近于无穷大的土体用一个人为边界截断，取一个有限大的区域进行离散化，但是由于土的成层性、波在界面上的反射和透射及动荷载类型等因数的影响，具体取多大范围比较合理以及在边界上如何给定边界条件，是目前尚未很好解决的一个重要研究课题。

　　现有对动力边界的处理方法主要有简单的截断边界、粘滞边界、透射边界以及有限元和无限元或边界元的耦合边界[95-100]。需要强调的是，上述几种方法一般只适用于在频域内求解，而对于需要在时间域内求解的真正非线性问题，除了把边界取得尽可能远一些外，目前还没有更合适的办法。在 ABAQUS 软件中对动力边界的处理通常可以采用两种方法，这两种处理方法分别为设置粘滞人工边界或采用无限元模拟。使用 ABAQUS 软件对土-桩-隔震结构动力相互作用的动力边界处理方法介绍如下：

2.3.1　粘滞边界

　　设置粘滞边界可以考虑由于波能逸散而引起的能量损失对土体动力性质的影响，相对于简单的截断边界，粘滞边界可以采用较小的计算区域。其主要思路是：沿计算区域的边界认为施加两个方向的黏性阻尼分布力，再把这种分布力转化为等价的边界结点集中力，分别求出各结点的法向和切向阻尼力。阻尼力的施加主要是通过在边界设置阻尼器单元，常用的阻尼器单元见图 2-16。阻尼单元施加于边界上的应力可写成如下形式：

$$\sigma = a\rho V_P \dot{u}_n \tag{2-47}$$

$$\tau = b\rho V_s \dot{u}_t \tag{2-48}$$

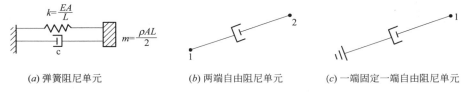

| (a) 弹簧阻尼单元 | (b) 两端自由阻尼单元 | (c) 一端固定一端自由阻尼单元 |

图 2-16　几种常用的阻尼单元（ABAQUS）

　　采用粘滞边界时，当入射波与边界接近垂直时精度较高，入射波与边界接近平行时，精度却很差。

2.3.2　有限元与无限元耦合法

　　有限元和无限元的耦合法已成为处理无限区域静力问题边界条件的一种重要方法。由于一般的动力问题都是近波源能量和变形较大，而离波源较远处由于能量衰减，变形通常较小，所以在动力分析中，计算区域的中心必须考虑土体的非均质性、非线性及地形的不规则性，适合用有限元法进行计算。而远域由于变形较小，可以看作弹性介质，一般不会引起太大的误差，因此适合用无限元进行离散以描述波向无限远处传递的辐射边界条件。常用的无限单元与有限单元的耦合模型如图 2-17 所示。

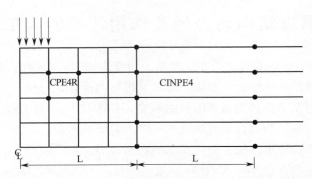

图 2-17　无限元与有限元耦合分析模型（ABAQUS）

　　由于无限元主要是通过 Lagrange 插值函数和衰减函数的乘积来构造形函数，对于有位移的无限元，一定要选择能反映位移衰减特征的衰减函数，以反映在介质中由近场至远场的位移分布规律，同时要满足在无穷远处位移为零的条件。然而目前对衰减函数的选取比较随意，对复杂波动场位移衰减特征的描述也有一定的局限性。

2.4　土-桩-隔震结构动力相互作用体系的网格划分技术

　　在时域内求解土-桩-隔震结构非线性动力相互作用时，各类非线性问题的数值求解工作量很大，同时，为了尽量减小人工截断边界对地下结构动力反应的影响，地基的尺寸都必须取的很大，这也大大的增加了整个体系的计算工作量，因此，有必要研究土-桩-隔震结构动力相互作用体系的有限元网格划分技术。根据土-桩-隔震结构动力相互作用的特点及其有限单元的不同，总结出如下网格划分的指导思想：

　　（1）土体单元采用缩减积分单元，桩和上部结构单元采用全积分单元。由于土体单元的数量将远远大于上部结构及桩单元的数量，以及土体单元的计算结果不是分析所要的主要数据，而桩和上部结构单元的计算结果和计算精度是整个研究问题的主要方面。同时，由于在进行实体单元计算时，全积分四结点单元的计算工作量是对应减缩积分单元的四倍（全积分和减缩积分的四结点平面实体单元如图 2-18 所示），因此采用减缩积分单元模拟地基土，使模型体系既能满足精度要求又将大大减小整个相互作用体系的计算工作量。

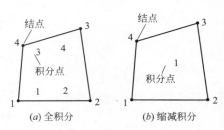

图 2-18　全积分和缩减积分的
四结点平面应变单元

　　（2）桩和上部结构单元尺寸小，土体单元尺寸大。在土-桩-隔震结构动力相互作用分析中，桩和上部结构的动力反应是主要研究目标，因此桩和上部结构有限元计算精度直接影响到计算结果的可靠性，一般单元尺寸越小，有限元的计算精度越高。

　　（3）桩体周围近场的土体单元尺寸要比远场土体的小。桩体周围近场土体单元的计算精度对桩体动力反应的计算精度及其动力相互作用的程度有着直接影响，因此也有必要对桩体周围近场土体和远场土体采用不同的网格单元尺寸。

2.5　动力平衡方程的积分方法及其稳定积分时间步长

利用 ABAQUS 有限元软件求解土一地下结构动力相互作用问题时有两种积分方法可供求解动力平衡方程，其中一种为 Newmark 隐式积分法，另一种方法是显式中心差分法。这两种方法在处理非线性动力学问题时各有利弊，两种积分方法及其自动积分时间步长的确定方法分别介绍如下。

2.5.1　基于隐式的动力平衡方程积分法[101-103]

时程分析法是对系统运动方程的求解采用逐步积分法完成的，土与地下结构动力相互作用系统的动力平衡方程为：

$$[M]\{\ddot{u}\}+[C]\{\dot{u}\}+[K]\{u\}=-[M]\{I\}\ddot{x}_{g}(t) \tag{2-49}$$

这里，$[M]$ 为 $n \times n$ 的质量矩阵，$[C]$ 为 $n \times n$ 的阻尼矩阵，$[K]$ 为 $n \times n$ 的刚度矩阵，$\ddot{x}_{g}(t)$ 为体系输入的地震加速度时程，$\{u\}$ 为 $n \times 1$ 的结构相对位移向量。$\{I\}$ 为惯性力指示向量。

首先引入一个控制积分稳定性的参数 α，把 （2-49） 式改写为：

$$[M]\{\ddot{u}\}_{t+\Delta t}+(1+\alpha)([C]_{t+\Delta t}\{\dot{u}\}_{t+\Delta t}+[K]_{t+\Delta t}\{u\}_{t+\Delta t}+[M]\{I\}\ddot{x}_{g}(t+\Delta t))-$$
$$\alpha \cdot ([C]_{t}\{\dot{u}\}_{t}+[K]_{t}\{u\}_{t}+[M]\{I\}\ddot{x}_{g}(t))+\{L\}_{t+\Delta t}=0 \tag{2-50}$$

式中$\{L\}$为与自由度有关的拉格朗日因子力之和。

Newmark 法是一种将线性加速度法普遍化的方法，该方法假定某一时刻的位移和速度可表示为：

$$\{u\}_{t+\Delta t}=\{u\}_{t}+\{\dot{u}\}_{t}\Delta t+(1/2-\beta)\{\ddot{u}\}_{t}\Delta t^{2}+\beta \{\ddot{u}\}_{t+\Delta t}\Delta t^{2} \tag{2-51}$$

$$\{\dot{u}\}_{t+\Delta t}=\{\dot{u}\}_{t}+(1-\gamma)\{\ddot{u}\}_{t}\Delta t+\gamma \{\ddot{u}\}_{t+\Delta t}\Delta t \tag{2-52}$$

这里

$$\beta=\frac{1}{4}(1-\alpha)^{2}, \quad \gamma=\frac{1}{2}-\alpha, \quad 且 \quad -\frac{1}{3}\leqslant\alpha\leqslant0$$

上述积分方法是无条件稳定的积分格式，当 $\alpha=0$，该方法称为 Newmark-β 法。Hilber 等人 （1978） 对上述积分方法进行了讨论，讨论主要集中在如何通过计算参数 α 控制积分过程的稳定性，当采用自动计算时间步长调整时，时间步长的变化往往会对积分计算的稳定性和收敛性产生影响，采用微小的数值阻尼将会很好地消除影响，这种数值阻尼可通过参数 α 取非零值时提供，一般的土-结构动力相互作用分析中取 $\alpha=-0.05$ 时就能基本满足上述要求，同时对低频反应的影响甚小，当 α 取值太小时，将会引起过阻尼现象。

求解动力问题时自动计算时间步长的确定方法最早由 Hibbitt 和 Karlsson （1979） 提出，该方法通过在半积分时间步长时体系最小结点残差力的大小来调整计算时间步长的大小，假设加速度值在任一时间步长内是线性变化的，即：

$$\{\ddot{u}\}_{\tau}=(1-\tau)\{\ddot{u}\}_{t}+\tau \{\ddot{u}\}_{t+\Delta t}, 0\leqslant\tau\leqslant1 \tag{2-53}$$

把公式(2-53)、公式(2-52) 和 (2-51) 联合求解可得：

$$\{u\}_\tau = \{u\}_t + \tau^3 \{\Delta u\}_{t+\Delta t} + \tau(1-\tau^2) \cdot \Delta t \cdot \{\dot{u}\}_t + \tau^2(1-\tau)\frac{\Delta t^2}{2}\{\ddot{u}\}_t \tag{2-54}$$

$$\{\dot{u}\}_\tau = \frac{\gamma}{\beta\tau\Delta t}\{\Delta u\}_\tau + \left(1-\frac{\gamma}{\beta}\right)\{\dot{u}\}_t + \left(1-\frac{\gamma}{2\beta}\right) \cdot \tau \cdot \Delta t \cdot \{\ddot{u}\}_t \tag{2-55}$$

$$\{\ddot{u}\}_\tau = \frac{1}{\beta\tau^2\Delta t^2}\{\Delta u\}_\tau - \frac{1}{\beta\tau\Delta t}\{\dot{u}\}_t + \left(1-\frac{1}{2\beta}\right) \cdot \{\ddot{u}\}_t \tag{2-56}$$

利用公式(2-54)、(2-55) 和 (2-56) 就可以求出某点在某一时间步长内任一时刻的位移、速度和加速度值。

在某一积分步计算结束后，定义在该时刻的结点残差力为：

$$\{R\}_{t+\Delta t} = [M]\{\ddot{u}\}_{t+\Delta t} + (1+\alpha)([C]_{t+\Delta t}\{\dot{u}\}_{t+\Delta t} + [K]_{t+\Delta t}\{u\}_{t+\Delta t} + [M]\{I\}\ddot{x}_g(t+\Delta t))$$
$$-\alpha \cdot ([C]_t\{\dot{u}\}_t + [K]_t\{u\}_t + [M]\{I\}\ddot{x}_g(t)) + \{L\}_{t+\Delta t} \tag{2-57}$$

当计算结果正确时，在某结点残差力与外力相比是非常微小的，理论上该值应接近于零。而在某一积分时间步开始时的结点残差力为：

$$\{R\}_t = [M]\{\ddot{u}\}_t + (1+\alpha)([C]_t\{\dot{u}\}_t + [K]_t\{u\}_t + [M]\{I\}\ddot{x}_g(t))$$
$$-\alpha \cdot ([C]_{t-\Delta t}\{\dot{u}\}_{t-\Delta t} + [K]_{t-\Delta t}\{u\}_{t-\Delta t}$$
$$+[M]\{I\}\ddot{x}_g(t-\Delta t)) + \{L\}_t \tag{2-58}$$

因此，在某一半时间步长时定义结点残差力的计算公式为：

$$\{R\}_{t+\Delta t/2} = [M]\{\ddot{u}\}_{t+\Delta t/2} + (1+\alpha)([C]_{t+\Delta t/2}\{\dot{u}\}_{t+\Delta t/2} + [K]_{t+\Delta t/2}\{u\}_{t+\Delta t/2}$$
$$+[M]\{I\}\ddot{x}_g(t+\Delta t/2)) - \frac{1}{2}\alpha \cdot ([C]_t\{\dot{u}\}_t + [K]_t\{u\}_t$$
$$+[M]\{I\}\ddot{x}_g(t) + [C]_{t-\Delta t}\{\dot{u}\}_{t-\Delta t} + [K]_{t-\Delta t}\{u\}_{t-\Delta t}$$
$$+[M]\{I\}\ddot{x}_g(t-\Delta t)) + \{L\}_{t+\Delta t/2} \tag{2-59}$$

式中
$$\{L\}_{t+\Delta t/2} = \frac{1}{2}(\{L\}_{t+\Delta t} + \{L\}_t) \tag{2-60}$$

在计算中给定一个定值 $R_{t+\Delta t}$，若整个系统中结点的最大残差力大于该定值时，在下一个计算增量步时将对时间步长自动调整，根据不同的精度要求对变量 $R_{t+\Delta t}$ 值的设定方法如下：

(1) 当 $R_{t+\Delta t} \approx 0.1P$ 时，设置的时间步长有很高的计算精度；

(2) 当 $R_{t+\Delta t} \approx P$ 时，设置的时间步长有一般的计算精度；

(3) 当 $R_{t+\Delta t} \approx 10P$ 时，设置的时间步长较差的计算精度。

P 为整个系统中结点可能受到的最大外力。

在利用隐式积分模块分析非线性动力问题时，时间积分步长同时也将受到积分收敛性的限制，对于一个荷载增量，得到收敛解所需要的迭代步数量的变化取决于系统的非线性程度。在 ABAQUS 默认情况下，如果经过 16 次迭代的解仍不能收敛或者结果发散，ABAQUS 软件将放弃当前的时间增量步，并将时间步长调整为原来的 25%，重新开始计算。利用比较小的荷载增量来尝试找到收敛的解答。若此增量仍不能使其收敛，将再次减小计算时间步长继续计算，当尝试到 5 次（默认值，可调）减小时间步长仍不能收敛时，将中止计算。当在 5 次内能收敛时，在下一个增量计算时，把时间步长自动提高 50％进行计算。

2.5.2　基于显式的动力平衡方程积分法[104]

对加速度在时间上进行积分采用中心差分法，在计算速度的变化时假定加速度为常数，应用这个速度的变化加上前一个增量步中点的速度来确定当前增量步中点的速度，即：

$$\{\dot{u}\}_{t+\Delta t/2} = \{\dot{u}\}_{t-\Delta t/2} + \frac{(\Delta t_{t+\Delta t/2} + \Delta t_t)}{2}\{\ddot{u}\}_t \tag{2-61}$$

速度对时间的积分加上在增量步开始时的位移以确定增量步结束时的位移：

$$\{u\}_{t+\Delta t} = \{u\}_t + \Delta t_{t+\Delta t}\{\dot{u}\}_{t+\Delta t/2} \tag{2-62}$$

在当前增量步开始时，计算加速度：

$$\{\ddot{u}\}_t = -[M]^{-1} \cdot ([C]\{\dot{u}\} + [K]\{u\} + [M]\{I\}\ddot{x}_g(t)) \tag{2-63}$$

当 $t=0$ 时，初始加速度和速度一般被设置为零。

利用中心差分法进行积分计算时是有条件稳定的，当计算无阻尼体系时，稳定时间步长需要满足下式：

$$\Delta t \leqslant \frac{2}{\omega_{\max}} \tag{2-64}$$

式中 $\omega_{\max}$ 为体系的最高振动频率。

当计算有阻尼体系时，稳定时间步长需满足：

$$\Delta t \leqslant \frac{2}{\omega_{\max}}(\sqrt{1+\xi^2} - \xi) \tag{2-65}$$

式中 ξ 是最高模态的临界阻尼值。

在某个振动系统中的实际最高频率是基于一组复杂的相互作用因素而计算出的，因此，不大可能计算出确切的值。在 ABAQUS 中替代的方法是应用一个有效的和保守的简单估算，即以各个单元的最高单元频率 $\omega_{\max}^{el}$ 的最大值作为模型的最高频率，即稳定时间步长为：

$$\Delta t \leqslant \frac{2}{\omega_{\max}^{el}} \tag{2-66}$$

在 ABAQUS 中还有更方便的计算稳定时间步长的经验公式为：

$$\Delta t = \min\left(\frac{L_e}{c_d}\right) \tag{2-67}$$

式中 L_e 为单元的特征长度尺寸，c_d 为材料的有效膨胀波速。

第3章 土-桩-隔震结构动力相互作用振动台模型试验技术

3.1 引言

在进行考虑 SSI 效应的隔震结构体系分析中，最大的困难是缺少地震时隔震结构体系地震反应的实测数据。考虑 SSI 效应的隔震结构体系振动台模型试验国内外开展较少。因此，现阶段考虑 SSI 效应的隔震结构体系研究主要以理论研究为主。近些年，国内外学者对土-隔震结构体系进行了一些理论研究[105-109]，现有的理论研究主要采用有限元法，分析土-结构动力相互作用对隔震结构的影响。但上述理论研究成果的正确性还有待进一步验证。综合以上分析可以看出，开展考虑 SSI 效应的隔震结构体系动力反应的振动台模型试验研究是十分必要且具有科学意义的。

本章主要介绍了土-桩-隔震结构动力相互作用大型振动台模型试验技术，即相互作用体系的模型试验相似比设计原则，模型地基土的物理力学特性与模型地基的制作方法，模型隔震结构的设计与制作方法，模型隔震支座的设计与力学特征的测定，以及隔震结构模型桩基础的设计与制作方法等。同时，介绍了模型试验体系不同部位的传感器布置方案及其试验加载方案。本章相关内容能够为土-结构动力相互作用的大型振动台模型试验的设计与施工提供科学的指导和有价值的参考。

3.2 模型体系相似比设计

在土-结构动力相互作用的振动台模型试验中将涉及两种或多种材料，要在试验中使模型的试验参数和原型参数完全满足相似关系是十分困难的，因此，要求根据试验的目的选出对试验起决定作用的参数，对这些主要参数要求相似比的完全统一，次要参数尽量与主要参数的相似比接近，故常需根据动力问题的特点确定模型对原型的相似程度。根据文献［110-112］，目前结构动力模型试验可以采用全相似模型、人工质量模型、忽略重力模型和欠人工质量模型，本试验的主要目的在于研究土-结构相互作用对隔震结构体系地震响应和隔震效果的影响规律。综合考虑各方面的因素，确定模型相似设计的基本原则如下：

（1）为了在一定程度上模拟土-隔震结构模型体系的动力相互作用特性，土和隔震结构尽量遵循相同的相似比例关系；

（2）为模拟隔震结构的动力反应，考虑高宽比和前二阶振型的相似性；

（3）隔震支座应力相似比由隔震支座压应力控制，应力相似比取值为1；

（4）为模拟地基土体的动力反应，模型土层考虑剪切模量的相似性；

（5）考虑振动台的台面尺寸、性能、承载吨位及其试验能力的制约。

根据 Bukingham 定理，本次试验选取长度 S_l、隔震支座应力 S_σ 和加速度 S_a 为基本相似系数，模型体系各物理量的相似比及其相似关系见表 3-1。

模型与原形相似比　　　　　　　　表 3-1

物　理　量	相　似　关　系	相　似　比	
		结　　构	地基土
长度	S_L	1/20	1/20
位移	$S_X = S_L$	1/20	1/20
弹性模量	S_E	1	1/4
上部结构密度	$S_\rho = S_E/S_L$	20	—
上部结构质量	$S_M = S_\rho S_L^3$	1/400	1/8000
支座压缩应力	S_σ	1	0
土体剪切模量	S_G	—	1/4
刚度	$S_K = S_E S_L$	1/20	1/20
时间	$S_T = S_M/S_K$	1/4.47	1/4.47
加速度	$S_a = S_L/S_T$	1	1

3.3　隔震结构模型设计

3.3.1　上部结构设计

在综合考虑现有的试验条件、模型材料、施工工艺和相似比关系的前提下，以实际房屋为原型，同时兼顾施工方便，隔震结构模型的上部结构采用 4 层钢框架体系，柱采用方钢管，梁采用 H 形钢。根据表 3-1 模型相似设计比，上部钢框架模型概况如表 3-2 所示。

上部钢框架模型概况　　　　　　　　表 3-2

模 型 参 数	模　　型
框架总高（m）	2.1
框架柱网（m）	0.8×0.6
框架高宽比	2.625
梁截面尺寸（mm）	H100×50×5×7
柱截面尺寸（mm）	方钢管—60×3

钢框架模型纵向边长为 0.8m，横向边长为 0.6m，高为 2.1m，底层层高 0.6m，其他各层 0.5m，每一层面覆盖钢板一块来模拟楼板。模型激振方向为结构纵向，激振方向模型高宽比为 2.625，为保证模型结构的振动沿结构纵向，在模型的两侧加有斜撑，以增强侧向刚度。上部钢框架模型重 0.32t，每层配重为 0.736t，总配重为 3.68t，其平面布

置图如图 3-1 所示，立面图如图 3-2 所示，其中节点设计参照文献 ［121］～［123］。

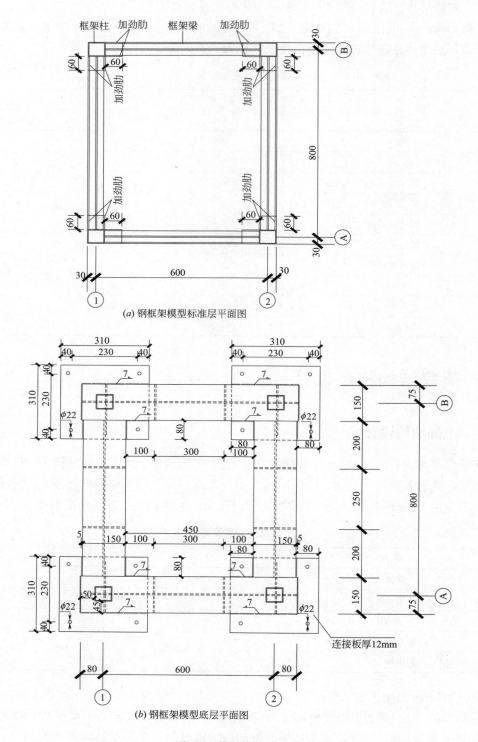

(a) 钢框架模型标准层平面图

(b) 钢框架模型底层平面图

图 3-1　模型结构平面图

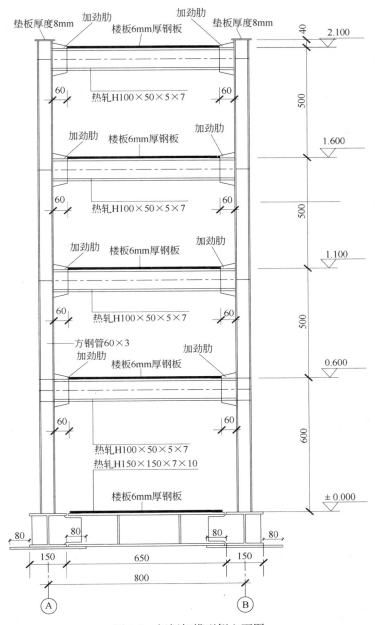

图 3-2 钢框架模型侧立面图

3.3.2 隔震支座设计

1. 隔震支座设计

隔震支座模型拟采用 4 个铅芯橡胶支座，考虑到橡胶隔震支座力学性能的稳定性和模型结构的总重量，选用直径 $D=100\text{mm}$ 的橡胶支座，平均压缩应力为 1.3N/mm^2。橡胶隔震支座的橡胶层厚度 $t_\text{r}=1.2\text{mm}$，橡胶层数 $n_\text{r}=22$，钢板层厚度 $t_\text{s}=1.5\text{mm}$，钢板层

数 $n_s=21$，上下封板厚 12mm，橡胶支座外观几何形状和支座各参数如图 3-3 和表 3-3 所示。

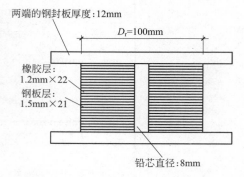

图 3-3   铅芯橡胶支座

铅芯橡胶支座基本参数   表 3-3

弹性系数 （N/mm²）	直径 （mm）	铅芯直径 （mm）	橡胶层厚及 层数(mm)	橡胶总厚 （mm）	钢板层厚及 层数(mm)	上下封钢板 厚度(mm)	截面积 （mm²）
0.6	100	8	1.2×22	26.4	1.5×21	12	7771.5

材料特性：

　　橡胶剪切模量 G：　　　　 0.6N/mm^2

　　橡胶体弹性模量 E_b：　　 1960N/mm^2

　　橡胶竖向弹性模量 E_0：　 1.8N/mm^2

　　橡胶硬度修正系数 κ：　　 0.77

形状系数：

　　第一形状系数 S_1：　　　　 $$S_1=\frac{D-d}{4t_r}=\frac{100-8}{4\times1.2}=19.2$$

　　第二形状系数 S_2：　　　　 $$S_2=\frac{D-d}{nt_r}=\frac{100-8}{22\times1.2}=3.48$$

屈服荷载 Q_y：　　　　　　　　 $$Q_y=\tau A=0.44\text{kN}$$

初始水平刚度 k_{h0}：　　　 $$k_{h0}=\frac{GA}{nt_r}=\frac{0.6\times7771.5}{22\times1.2}=0.177\text{kN/mm}$$

剪切变形 50% 水平刚度 $k_{eq,50}$：$\;k_{eq,50}=k_{h0}+\dfrac{Q_y}{\delta_{50}}=0.21\text{kN/mm}$

剪切变形 100% 水平刚度 $k_{eq,100}$：$\;k_{eq,100}=k_{h0}+\dfrac{Q_y}{\delta_{100}}=0.194\text{kN/mm}$

屈服后刚度 $k_{y,50}$：　　　 $$k_{y,50}=k_{h0}\left(1+0.588\frac{A_q}{A}\right)=0.178\text{kN/mm}$$

屈服前刚度 $k_{y,0}$：　　　　 $$k_{y,0}=10k_{y,50}=10\times0.178=1.78\text{kN/mm}$$

竖向刚度 k_v：

$$k_v = \frac{E_{cb}A}{T_r} = 197.9\text{kN/mm}$$

$$\left(\text{其中：} E_{cb} = \frac{E_c E_b}{E_c + E_b} \text{；} E_c = 3G(1 + 2\kappa S_1^2)\right)$$

2. 隔震支座模型试验体力学性能

铅芯橡胶支座的基本力学性能试验包括标准竖向刚度和标准水平刚度试验。标准竖向刚度试验指施加设定竖向荷载 P_0 后，在 $P_0 \pm 0.3P_0$ 范围内加载、卸载循环四次，取第 3 次循环的结果计算刚度值。标准水平刚度试验是指在压缩应力 $\sigma_0 = 10\text{N/mm}^2$，剪切应变 $\gamma = \pm 100\%$ 的压缩剪切变形试验，取 5 次反复加载循环的第 3 次循环计算刚度值[113-114]。试验加载装置如图 3-4 所示。

图 3-4　试验加载装置

隔震支座模型采用 4 个铅芯橡胶支座，为了保证 4 个隔震支座性能具有相同或相近的力学性能，共制作了 6 个试验试件，从 6 个中选出竖向刚度和水平刚度接近的 4 个作为振动台试验用试件。

铅芯橡胶支座单体试件的竖向刚度、屈服后刚度和屈服荷载等基本力学性能的试验结果参见表 3-4 和图 3-5～图 3-7。振动台试验选用其中的 No.1、No.2、No.5 和 No.6 号试验体进行试验。

铅芯橡胶隔震支座基本力学性能　　　　　　表 3-4

试件编号	竖向刚度 k_v(kN/mm)		屈服后刚度 k_y(kN/mm)		屈服荷载 Q_y(kN)	
			10MPa		10MPa	
	5MPa	10MPa	$\gamma = 50\%$	$\gamma = 100\%$	$\gamma = 50\%$	$\gamma = 100\%$
No.1	232.8	253.5	0.201	0.164	0.492	0.577
No.2	242.5	249.1	0.207	0.161	0.481	0.566
No.3	250.7	263.5	0.215	0.171	0.511	0.613
No.4	227.1	236.2	0.192	0.154	0.453	0.549
No.5	238.6	249.1	0.201	0.159	0.481	0.589
No.6	236.2	243.6	0.199	0.161	0.472	0.577
平均值	237.9	249.2	0.203	0.16	0.482	0.578
标准偏差	8.1	9.2	0.008	0.006	0.019	0.0216

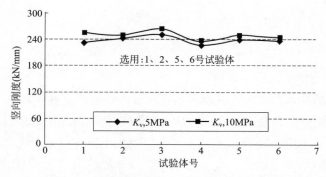

图 3-5　铅芯橡胶支座力学性能（竖向刚度）

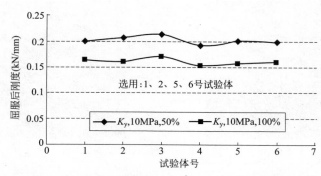

图 3-6　铅芯橡胶支座力学性能（屈服后刚度）

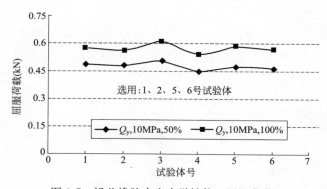

图 3-7　铅芯橡胶支座力学性能（屈服荷载）

3.4　模型桩基础设计

模型基础采用桩基础，桩承台平面尺寸为 1.2m×1.0m×0.1m，设计为刚性。桩基础共设六根桩，桩长 0.8m，截面 0.035m×0.035m。承台板及桩基础配筋图如图 3-8 所示。本试验的主要目的是研究土-结构相互作用对隔震结构体系地震反应和隔震效果的影响规律，因此要求桩在试验过程中不能破坏，设计时加强了桩的承载能力，在桩与承台连接处加设了加固钢筋。在上表面埋有预埋件，以连接上部结构，桩基础模型实物图片如图 3-9 所示。

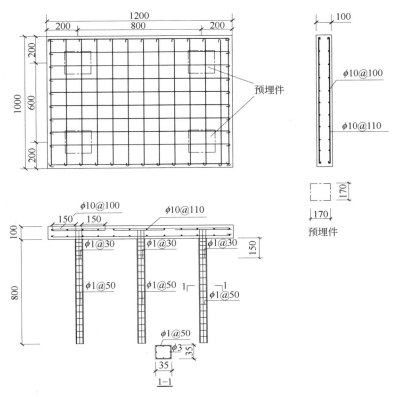

图 3-8 承台板及桩基础配筋图

图 3-9 桩基础模型

3.5 模型箱和模型土的设计

3.5.1 模型箱设计

考虑土-结构动力相互作用的振动台试验中，由于客观条件的限制必须有一个有限尺度容器来盛土，这样土体就不再是无限空间，而是受到了有限容器边界的约束作用，人为地增加了边界效应。在动力试验中，边界对土体变形的限制以及波的反射和散射都将对结果产生严重影响，即"模型箱效应[115-117]"。因此，理想的模型箱必须满足两个条件：①能正确模拟土的边界条件；②能正确模拟土的剪切变形。

已有的研究表明，结构平面尺寸与地基平面尺寸之比小于 1/5 时，边界效应对结构的动力反应影响已很小[118]。本试验在土层模型箱设计时通过考虑两项措施来减小模型箱效应：一是控制模型结构的平面尺寸，使之与土层模型箱的平面尺寸相比尽量小于一定的倍数；二是采用层状剪切变形土箱[119]，结合适当的构造措施减少模型箱效应。

试验所用的模型箱由南京工业大学岩土工程研究所研制，为层状剪切变形土箱。该模型箱的净尺寸为 3.5m（振动方向）×2m（横向）×1.7m（高度），模型箱由 15 层矩形平面钢框架由下而上叠合，每层钢框架间放置凹槽，凹槽内放钢滚珠，形成可以自由滑动的支撑点，每层钢框架由 4 根方钢管焊接而成。为限制模型土箱在垂直振动方向的变形，在与振动方向垂直的侧面各贴了一块钢板，钢板与框架采用螺栓连接，模型箱的两侧各设有两根立柱，以限制模型箱的平面扭转变形，模型箱的内侧贴有一层橡胶膜，可以防止土或水的漏出。由于该模型土箱的各层框架间可以自由地产生水平相对变形，对土的剪切变形几乎没有约束，大大减小了边界对波的反射，故能较好地模拟土的边界条件，模型土箱如图 3-10 所示。

图 3-10　模型土箱

3.5.2　模型土的选取和制备

为深入分析土-结构动力相互作用对隔震结构隔震效果的影响，考虑不同类型场地条件是有必要的。为了揭示在不同场地条件下土-结构动力相互作用的效果和规律，试验采用刚性地基、一般土性地基和软弱土地基三种场地条件。

一般土性地基采用均匀砂土，厚度 1.3m，砂土为含水量较小但压实度较高的均匀粉细砂，模型砂土的制备主要控制含水量和密实度，人工分层装填，每层厚度控制约 0.15m，装填过程中对模型土取样，测得其密度为 1850kg/m³，含水量实测值为8.6%～9.2%。

软弱土地基采用分层土，自上而下分别为砂土、含水量较高的黏土、饱和密实砂土，分层土形成"软夹层地基"，其顶部覆盖层为厚度 0.3m 的砂土，砂土制备方法同一般土性地基，模型土取样测得含水量为 8.2%～9.0%，密度为 1760kg/m³；中部夹层为厚度 0.4m 的黏土（制备方法同一般土性地基），模型土取样测得含水量 27.2%～30.0%，密度为 1933kg/m³；底部土层为厚度 0.6m 的饱和密实砂土（模型土采用水沉法制备，分层压实），模型土取样测得含水量为 26.2%～27.0%，密度为 1920kg/m³，试验中采用 SDMT 波速检测仪测得"软夹层地基"平均剪切波速约为 35～40m/s，模型土满足模拟软弱土地基的试验要求。

在试验前及试验后分别对一般土性地基和"软夹层地基"土层分别取样，对其进行室内常规试验和动三轴及共振柱试验。试样的剪切模量比 G/G_{max}～γ 和阻尼比 D～γ 的关系曲线如图 3-11 和图 3-12 所示，图中剪切模量所对应的围压为 25kPa，试样 1 和试样 2 为"软夹层地基条件"时黏土层试验前和试验后所取的土样，试样 3 和试样 4 为"一般土性地基条件"时试验前和试验后所取的土样。

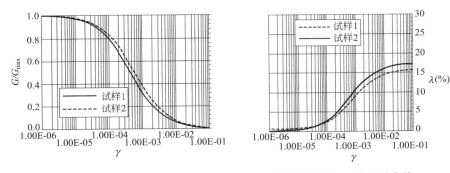

图 3-11　试样的动剪切模量比 G/G_{max}～γ 和阻尼比 D～γ 的关系曲线

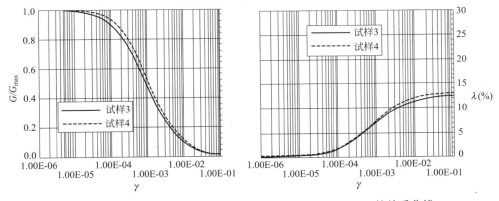

图 3-12　试样的动剪切模量比 G/G_{max}～γ 和阻尼比 D～γ 的关系曲线

3.6　输入地震动的特性

本试验拟采用 EL Centro 波、Kobe 波及南京人工波作为振动台的输入波。EL Centro 波为 1940 年美国 Imperial 山谷地震时记录的强震地震波，该地震波原始峰值加速度为 0.349g，强震部分持续时间约为 26s，该地震波的加速度时程及其对应的傅氏谱如图 2-5 所示。Kobe 波为 1995 年日本阪神地震中神户海洋气象台记录的强震加速度记录，本试验中取其南北向的水平向加速度记录作为振动台的输入波，该地震波的原始峰值加速度为 $0.85g$，强震部分持续时间约为 10s，南京人工波是由江苏省地震工程研究院对南京地铁某典型场地条件下采用人工合成的人工地震波，三种波的加速度时程及加速度反应谱如图 3-13～图 3-15 所示。其中 Kobe 波加速度反应谱频宽最小，南京人工波加速度反应谱频宽最宽，而 EL Centro 波的频宽居中。试验中输入地震动的时间步长根据模型时间相似比 1 ∶ 4.47 进行了调整，调整后的时间步长为 0.0045s（原时间步长为 0.02s）。

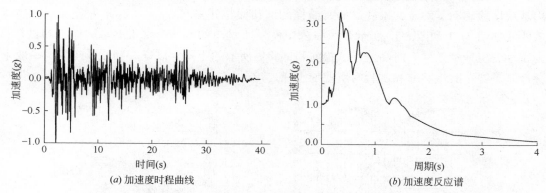

(a) 加速度时程曲线　　　　　　　　(b) 加速度反应谱

图 3-13　试验中输入地震波对应的加速度时程及加速度反应谱（EL Centro 波）

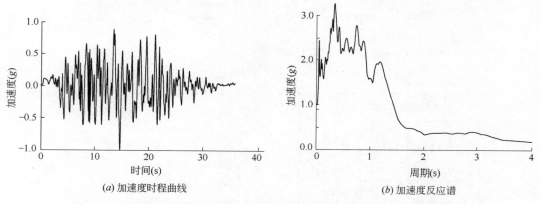

(a) 加速度时程曲线　　　　　　　　(b) 加速度反应谱

图 3-14　试验中输入地震波对应的加速度时程及加速度反应谱（南京人工波）

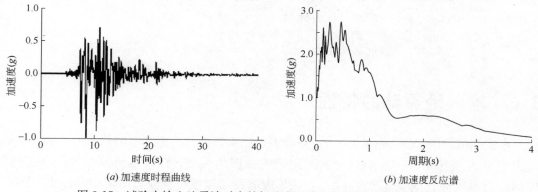

(a) 加速度时程曲线　　　　　　　　(b) 加速度反应谱

图 3-15　试验中输入地震波对应的加速度时程及加速度反应谱（Kobe 波）

3.7　试验过程设计

为了深入研究土-结构相互作用对隔震结构体系的地震反应和隔震效果的影响，同时希望探讨考虑 SSI 效应时隔震结构的设计方法，本次振动台模型试验分为 3 个部分：第一部分为刚性地基上隔震结构体系振动台模型试验研究；第二部分为不同土性地基上钢框架结构体系振动台模型试验研究；第三部分为不同土性地基上隔震结构体系振动台模型试验研究。各部分的试验内容和试验目的分述如下：

3.7.1　刚性地基上隔震结构体系振动台模型试验

1. 刚性地基上非隔震结构振动台模型试验

试验目的：研究刚性地基上钢框架结构模型（非隔震结构）的动力特性和不同地震动作用下地震反应的特点，同时为研究刚性地基上隔震结构模型的地震反应及土性地基上钢框架结构模型的地震反应提供试验对比。

传感器布置与测量方式：上部结构数据记录内容有：楼层加速度、顶层位移、节点剪切应变，最下层柱的轴力。楼层加速度的测量采用压电式加速度计，上部结构顶层位移的测量采用拉线式位移传感器，节点处设置应变花测量剪切应变，最下层柱的轴力采用南京工业大学韩小健等人研制的三向力传感器采集。传感器、节点及柱脚应变布置如图 3-16 和图 3-17 所示，图 3-16 中 V1～V2 为竖向加速度计，A1～A8 为水平向加速度计，A5 测点用来与 A6 测点进行对比，观察结构是否发生扭转。

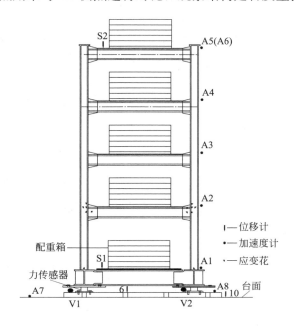

图 3-16　传感器布置图

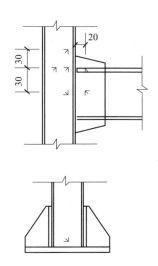

图 3-17　节点及柱脚应变测点布置图

试验过程：首先，将上部钢框架模型固定在刚性底板上，底板与振动台台面螺栓连接。

试验前，采用白噪声对上部钢结构模型进行扫描，以获取模型结构的传递函数、自振频率、阻尼比。刚性地基上钢框架模型振动台试验输入四种波形，共 13 种工况如表 3-5 所示，测量各工况下上部结构的楼层加速度、顶层位移、柱的剪切应变、节点剪切应变等。

试验工况及输入地震波峰值　　　　　　　　　　表 3-5

工　况	工况编号	地震波类型	加速度峰值
1	WN1	白噪声	0.07g
2	EL1	EL Centro 波	—
3	NJ1	南京人工波	0.1g
4	KB1	Kobe 波	—
5	WN2	白噪声	0.07g
6	EL2	EL Centro 波	—
7	NJ2	南京人工波	0.2g
8	KB2	Kobe 波	—
9	WN3	白噪声	0.07g
10	EL3	EL Centro 波	—
11	NJ3	南京人工波	0.3g
12	KB3	Kobe 波	—
13	WN4	白噪声	0.07g
14	EL4	EL Centro 波	—
15	NJ4	南京人工波	0.5g
16	KB4	Kobe 波	—
17	WN5	白噪声	0.07g

2. 刚性地基上隔震结构振动台模型试验

试验目的：研究不同地震动输入下刚性地基上隔震结构模型的地震反应规律及其隔震效果，同时为研究土性地基上隔震结构模型的地震反应规律及其隔震效果提供试验对比。

传感器布置与测量方式：隔震层数据记录内容有：竖向轴力和位移、水平力和位移、加速度反应。上部结构数据记录内容有：楼层加速度、顶层水平位移、节点的剪切应变、最下层柱的轴力。隔震层轴力和水平力采用三向力传感器采集；隔震层和上部结构顶层位移的测量采用拉线式位移传感器，楼层加速度的测量采用压电式加速度计，各传感器布置示意图见图 3-18，图 3-18 中 V1～V4 为竖向加速度计。

试验过程：试验前，采用白噪声对隔震结构模型进行扫描，以获取模型结构的自振频率、阻尼比。刚性地基上隔震结构模型的试验工况同刚性地基上钢框架模型的试验工况见表 3-5，以对比两种结构模型的试验结果。

3.7.2　不同土性地基上非隔震结构振动台模型试验

试验目的：研究不同土性地基条件下土-结构动力相互作用对上部钢框架结构地震反应的影响规律，同时为研究不同土性地基条件下土-结构动力相互作用对隔震结构地震反应的影响提供试验对比。

传感器布置与测量方式：上部结构数据记录内容有：楼层加速度、顶层位移、节点剪切应变，最下层柱的轴力。桩-土体系数据记录内容有：基础承台竖向加速度分量、水

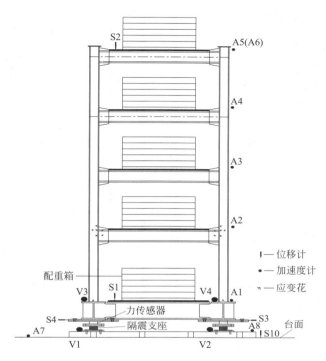

图 3-18 隔震层及上部结构传感器布置图

平向加速度分量、土层的水平向加速度、桩的剪切应变。一般土性地基和"软夹层地基"上钢框架结构体系传感器布置如图 3-19(a)、(b) 所示，基础顶面力传感器的平面布置见图 3-20，图 3-19 中 V1～V4 为竖向加速度计，A1～A17 为水平向加速度计，A6 测点测量振动台台面加速度反应。

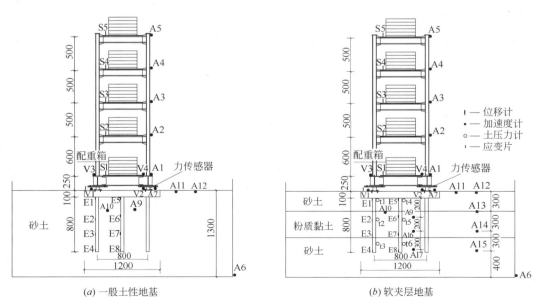

(a) 一般土性地基　　　　　　　　　　　　　　(b) 软夹层地基

图 3-19　不同土性地基上钢框架模型体系传感器及应变测点布置图

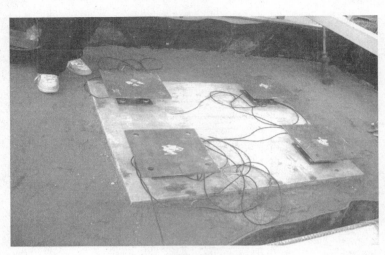

图 3-20　力传感器的平面布置

　　试验过程：试验前，采用白噪声对模型体系进行扫描，以获取模型体系的自振频率和阻尼比。一般土性地基和"软夹层地基"条件下钢框架结构模型体系的振动台试验工况如表 3-6 和表 3-7 所示，测量各工况下上部钢框架结构的楼层加速度、楼层位移、节点剪切应变、柱的剪切应变、土层加速度反应、土压力和桩身应变等。

一般土性地基条件下的试验工况及输入地震波峰值　　　　　　　表 3-6

工　况	工况编号	地震波类型	加速度峰值(g)
1	HTWN1	白噪声	0.05
2	HTEL1	EL Centro 波	0.05
3	HTNJ1	南京人工波	0.05
4	HTKB1	Kobe 波	0.05
5	HTWN2	白噪声	0.05
6	HTEL2	EL Centro 波	0.1
7	HTNJ2	南京人工波	0.1
8	HTKB2	Kobe 波	0.1
9	HTWN3	白噪声	0.05
10	HTEL3	EL Centro 波	0.15
11	HTNJ3	南京人工波	0.15
12	HTKB3	Kobe 波	0.15
13	HTWN4	白噪声	0.05

软夹层地基条件下的试验工况及输入地震波峰值　　　　　　　表 3-7

工　况	工况编号	地震波类型	加速度峰值(g)
1	JTWN1	白噪声	0.05
2	JTEL1	EL Centro 波	0.05
3	JTNJ1	南京人工波	0.05

工 况	工况编号	地震波类型	加速度峰值(g)
4	JTKB1	Kobe 波	0.05
5	JTEL2	EL Centro 波	0.15
6	JTNJ2	南京人工波	0.15
7	JTKB2	Kobe 波	0.15
8	JTEL3	EL Centro 波	0.3
9	JTNJ3	南京人工波	0.3
10	JTKB3	Kobe 波	0.3
11	JTEL4	EL Centro 波	0.5
12	JTKB4	Kobe 波	0.5
13	JTWN2	白噪声	0.05

3.7.3 不同土性地基上隔震结构振动台模型试验

试验目的：研究不同土性地基条件下土-结构动力相互作用对上部隔震结构地震反应及其隔震效果的影响规律。

传感器布置与测量方式：隔震层数据记录内容有：竖向轴力和位移、水平力和位移、加速度反应。隔震结构数据记录内容有：楼层加速度、顶层位移、节点剪切应变、最下层柱的轴力。桩-土体系数据记录内容有：基础承台竖向加速度分量、水平向加速度分量、土层的水平向加速度、桩的剪切应变。一般土性地基和"软夹层地基"上隔震结构模型体系传感器及应变测点布置如图 3-21(a)、(b) 所示，其隔震层的布置如图 3-22 所示。

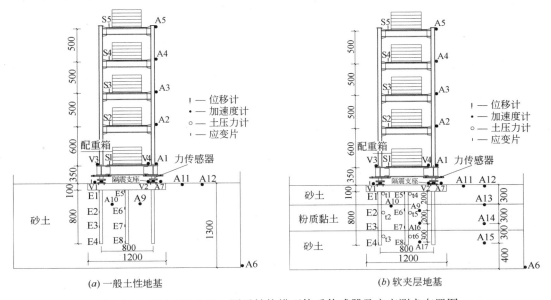

(a) 一般土性地基　　　　　(b) 软夹层地基

图 3-21　不同土性地基上隔震结构模型体系传感器及应变测点布置图

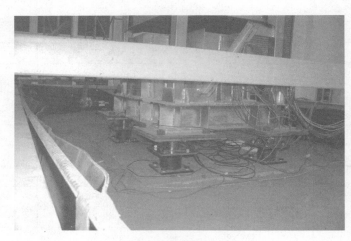

图 3-22　隔震层的布置

　　试验过程：试验前，采用白噪声对模型体系进行扫描，以获取模型体系的自振频率和阻尼比。为对比两种不同土性地基上隔震结构体系与非隔震结构体系（钢框架结构）的地震反应，进而研究两种不同地基上 SSI 效应对隔震结构隔震效果的影响规律，两种不同土性地基上隔震结构模型体系振动台试验工况相同如表 3-6 和表 3-7 所示。

第4章 刚性地基上隔震结构动力 反应的模型试验研究

4.1 引言

目前，有关隔震结构的理论和模型试验研究一般是在刚性地基的假定下进行的，虽有一些研究工作考虑了土-结构动力相互作用对隔震结构性能的影响，但都是采用理论分析和数值计算的方法，缺乏试验研究方法。研究土-结构动力相互作用对隔震结构性能的影响可以通过地震模拟振动台试验进行，这是一种有效的试验研究方法。

刚性地基上隔震结构模型的试验图片如图 4-1 所示，隔震层选用铅芯橡胶隔震支座，隔震层的布置见图 4-2。为研究刚性地基上隔震结构模型的性能，本章对比分析了刚性地基上隔震结构模型和非隔震结构模型（钢框架结构）的结构动力特性、模型结构加速度反应及层间变形、模型结构楼层的层间剪力，深入分析了刚性地基上模型结构的隔震效果，并进一步研究了隔震层的恢复力特性和隔震支座竖向力和位移特性，本章的试验结果能够为刚性地基上的隔震结构设计提供依据和参考，也将作为后续章节进一步对比研究的基础。

图 4-1　模型试验图片

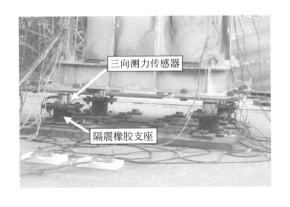

图 4-2　隔震层布置

4. 2   模型体系的动力学特性分析

4.2.1   模型隔震结构的自振频率

通过白噪声扫描，利用模型体系顶层位置加速度测点的数据进行谱分析求得模型体系的一阶自振频率如表 4-1（表中非隔震结构模型指无隔震层的钢框架结构模型，下同）所示，对表 4-1 数据进行分析可以发现不同峰值地震动激励下结构主振型对应的振动频率变化存在以下特点：①隔震结构模型经过 0.1g 和 0.2g 地震动峰值输入后频率无变化，输入地震动峰值为 0.3g 时一阶自振频率降低了 1.13%，频率变化范围控制在 5% 范围内，结构处在弹性工作阶段；②非隔震结构模型经过 0.1g 地震动峰值输入后频率无变化，经过 0.2g 地震动峰值输入后一阶自振频率降低了 5.8%，经过 0.3g 地震动峰值后一阶自振频率降低了 8.9%，频率变化范围控制在 10% 范围内，结构也处在弹性工作阶段；③非隔震结构模型在不同地震激励下一阶自振频率的降低速度比隔震结构显著，说明其刚度降低的程度比隔震结构严重；④非隔震结构模型在不同峰值地震作用后模型结构的一阶自振频率均显著高于隔震结构，表明使用隔震技术可以大大降低结构的刚度，延长结构自振周期。

模型体系顶层位置一阶自振频率（Hz）   表 4-1

工 况	隔震结构模型	非隔震结构模型
WN1	2.65	6.72
WN2	2.65	6.72
WN3	2.65	6.33
WN4	2.62	6.12

注：工况 WN1、WN2、WN3 和 WN4 分别为模型结构震前、地震动峰值输入 0.1g、地震动峰值输入 0.2g 和地震动峰值输入 0.3g 后的白噪声扫描。

4.2.2   模型隔震结构的振型

不同峰值地震动输入后隔震结构模型与非隔震结构模型的第一振型曲线分别如图 4-3～图 4-5 所示。由振型曲线图可以发现：

（1）非隔震结构在不同地震激励下，越往顶层相对位移越大，结构变形曲线呈上凸趋势，为典型的弯曲放大晃动型结构。

（2）隔震结构在不同地震激励下，底层水平位移较大，其余各层相对位移较小，呈现整体平动的特点。

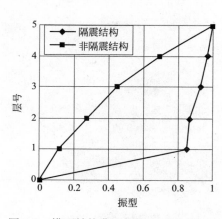

图 4-3 模型结构典型振型（工况 WN2）

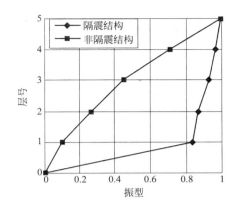
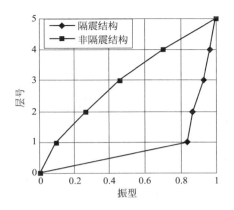

图 4-4　模型结构典型振型（工况 WN3）　　　　图 4-5　模型结构典型振型（工况 WN4）

4.3　模型隔震结构加速度反应及层间变形

　　隔震结构通过设置隔震层，由隔震装置吸收地震能量，利用隔震层相对于上部结构较小的水平刚度延长上部结构的周期，降低结构的地震反应。隔震效果可通过上部结构的加速度反应、层间变形、层间剪力体现。

　　EL Centro、Kobe 和南京人工波输入峰值为 0.1g 时隔震结构与非隔震结构模型各层最大加速度反应和层间变形对比如图 4-6 所示，EL Centro、Kobe 和南京人工波输入峰值为 0.2g 时隔震结构与非隔震结构各层最大加速度反应和层间变形对比如图 4-7 所示；EL Centro、Kobe 和南京人工波输入峰值为 0.3g 时隔震结构与非隔震结构各层最大加速度反应和层间变形对比如图 4-8 所示；不同地震动输入时（地震动输入峰值 0.3g）隔震结构模型各层最大加速度反应和层间变形对比如图 4-9 所示，不同地震动输入时（地震动输入峰值 0.5g）隔震结构各层最大加速度反应和层间变形对比如图 4-10 所示。图 4-6～图 4-10 中层号 0 代表模型基底，即振动台台面，楼层位置 0 代表隔震层。

　　由图 4-6～图 4-8 可以看出，隔震结构模型楼层最大加速度反应明显小于振动台台面输入加速度，隔震结构模型楼层最大加速度反应的分布以底层和顶层较大，中间层相对较小，层间变形的分布以底部隔震层较大，上部其他层较小，呈现整体平动的特点。而非隔震结构模型的楼层最大加速度反应随着楼层的高度增大而增大，结构底层最大加速度远小于顶层的最大加速度，且具有较明显的放大晃动特性。其次，隔震层的最大位移反应则随着输入加速度峰值的增加显著增加，增加幅度大于上部结构加速度反应的增加幅度。例如，EL Centro 和 Kobe 波输入峰值为 0.1g 时隔震层的位移为 1.72mm 和 2.66mm，相当于橡胶层总厚度的 6.5% 和 9.2%，输入峰值为 0.3g 时隔震层的位移分别为 5.61mm 和 6.4mm，相当于橡胶层总厚度的 21.3% 和 24.2%。图 4-9 和图 4-10 为不同地震动输入时隔震结构模型各层最大加速度反应和层间变形，可以看出在输入峰值为 0.3g 和 0.5g 时，隔震结构最大加速度和层间变形分布形状相近，即隔震结构在不同地震波激励下动力反应特性稳定。

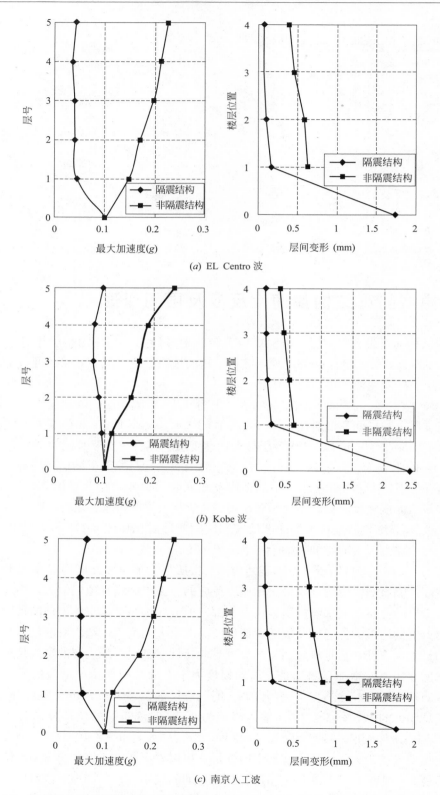

(a) EL Centro 波

(b) Kobe 波

(c) 南京人工波

图 4-6　隔震结构与非隔震结构各层最大加速度反应及层间变形（地震动输入峰值 0.1g）

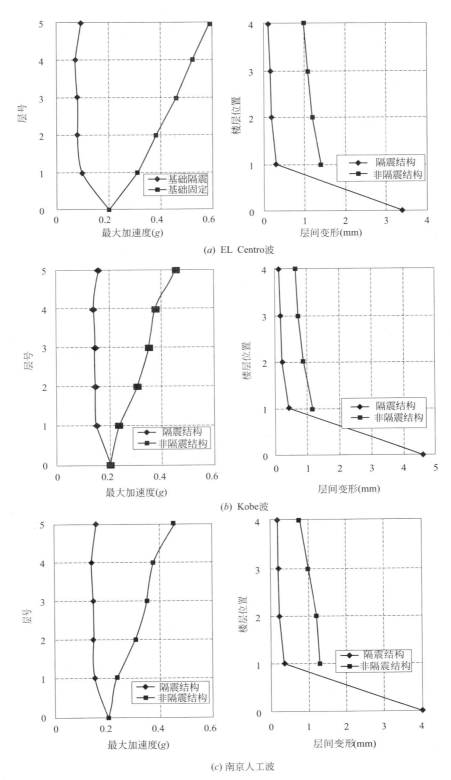

(a) EL Centro波

(b) Kobe波

(c) 南京人工波

图 4-7 隔震结构与非隔震结构各层最大加速度反应及层间变形（地震动输入峰值 0.2g）

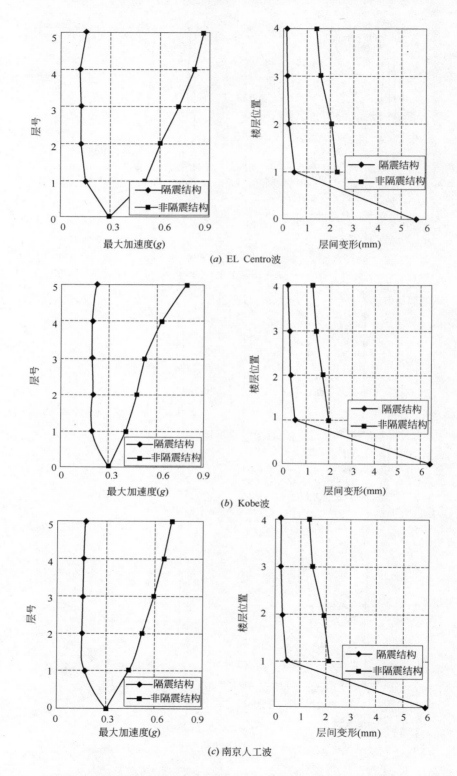

(a) EL Centro波

(b) Kobe波

(c) 南京人工波

图 4-8　隔震结构与非隔震结构各层最大加速度反应及层间变形（地震动输入峰值 0.3g）

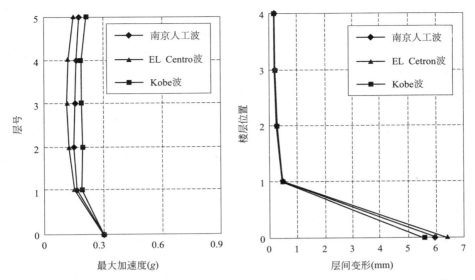

图 4-9　不同地震动输入时隔震结构各层最大加速度反应和层间变形（地震动输入峰值 0.3g）

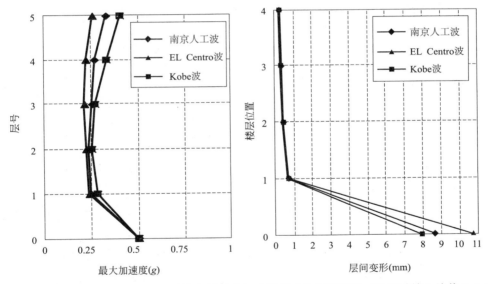

图 4-10　不同地震动输入时隔震结构各层最大加速度反应和层间变形（地震动输入峰值 0.5g）

　　楼层加速度放大倍数能集中反应上部结构对台面输入加速度的放大或缩小，表 4-2～表 4-4 为不同地震波输入时楼层加速度放大倍数（其中楼层序号 0 代表振动台台面）。可以看出不同地震波、不同地震动峰值输入时，隔震结构模型的楼层加速度放大倍数具有以下特点：

　　（1）隔震结构的楼层加速度放大倍数在 0.41～0.96 之间，上部结构与振动台台面输入加速度相比，没有观测到放大现象，隔震效果非常明显；而非隔震结构的楼层加速度放大倍数控制在 1.13～2.61 之间，上部结构与振动台台面输入加速度相比，有较明显的放大现象，且楼层加速度放大倍数随楼层的高度增大而增大。

EL Centro 波输入时楼层加速度放大倍数　　　　表 4-2

楼层序号		0	1	2	3	4	5	最大放大倍数
地震动输入峰值 0.1g	隔震结构	1.00	0.50	0.41	0.40	0.42	0.53	0.53
	非隔震结构	1.00	1.47	1.69	1.96	2.10	2.24	2.24
地震动输入峰值 0.2g	隔震结构	1.00	0.47	0.44	0.40	0.36	0.47	0.47
	非隔震结构	1.00	1.54	1.90	2.29	2.60	2.94	2.94
地震动输入峰值 0.3g	隔震结构	1.00	0.43	0.41	0.39	0.37	0.42	0.43
	非隔震结构	1.00	1.37	1.88	2.13	2.33	2.60	2.60

Kobe 波输入时楼层加速度放大倍数　　　　表 4-3

楼层序号		0	1	2	3	4	5	最大放大倍数
地震动输入峰值 0.1g	隔震结构	1.00	0.95	0.89	0.79	0.80	0.96	0.96
	非隔震结构	1.00	1.15	1.65	1.71	1.88	2.40	2.40
地震动输入峰值 0.2g	隔震结构	1.00	0.74	0.72	0.72	0.69	0.78	0.78
	非隔震结构	1.00	1.17	1.52	1.75	1.88	2.28	2.28
地震动输入峰值 0.3g	隔震结构	1.00	0.64	0.65	0.64	0.64	0.72	0.72
	非隔震结构	1.00	1.35	1.57	1.76	2.10	2.61	2.61

南京人工波输入时楼层加速度放大倍数　　　　表 4-4

楼层序号		0	1	2	3	4	5	最大放大倍数
地震动输入峰值 0.1g	隔震结构	1.00	0.53	0.48	0.53	0.53	0.63	0.63
	非隔震结构	1.00	1.13	1.50	2.10	2.10	2.24	2.24
地震动输入峰值 0.2g	隔震结构	1.00	0.54	0.50	0.53	0.55	0.59	0.59
	非隔震结构	1.00	1.43	1.74	1.96	2.17	2.36	2.36
地震动输入峰值 0.3g	隔震结构	1.00	0.53	0.48	0.46	0.47	0.54	0.54
	非隔震结构	1.00	1.16	1.70	2.15	2.20	2.42	2.42

（2）3 条不同地震波在输入峰值为 0.1g、0.2g 和 0.3g 时的楼层最大加速度放大倍数随输入加速度峰值的增大而减小，即地震输入加速度峰值越大，隔震效果越好。

（3）Kobe 地震波在输入峰值为 0.1g、0.2g 和 0.3g 时的楼层加速度放大倍数明显高于南京人工地震波和 EL Centro 地震波输入时结构的楼层加速度放大倍数，即在输入相同峰值地震动时，Kobe 波激励下，隔震效果较差；EL Centro 波激励下，隔震效果较好；南京人工波激励下，隔震效果介于二者之间。可见，地震波的特性对隔震结构的隔震效果有较大影响。

4.4　隔震结构层间剪力反应

表 4-5～表 4-7 为刚性地基条件下模型基底输入加速度峰值为 0.1g、0.2g 和 0.3g 时隔震结构体系与非隔震结构体系在不同地震波激励下的层间剪力。表 4-5～表 4-7 中模型

基底加速度峰值为振动台台面输入加速度峰值。由表 4-5、表 4-6 和表 4-7 可知：①隔震结构与非隔震结构的最大层间剪力比控制在 0.25～0.47 之间，减震效果非常明显；②隔震结构与非隔震结构的层间剪力比随着楼层的增加而减小，说明隔震措施能够有效降低结构上部的地震反应；③隔震结构与非隔震结构的最大层间剪力比随模型基底加速度峰值的增大而减小，即地震输入加速度越大，隔震效果越好；④模型基底加速度峰值相同时，最大层间剪力比表现为 Kobe 波激励下最大，其次为南京人工波，最小为 EL Centro 波，即在相同峰值地震动输入下，EL Centro 波激励下隔震效果较好，南京人工波次之，Kobe 波较差，这与表 4-2～表 4-4 楼层加速度放大倍数得到的结论一致，即在相同峰值地震动输入下，输入地震波的特性对隔震结构的隔震效果有较大影响。

模型基底加速度峰值 0.1g 时两种结构体系的层间剪力对比（kN）　　　表 4-5

楼层位置	EL Centro 波			Kobe 波			南京人工波		
	隔震结构	非隔震结构	层间剪力比	隔震结构	非隔震结构	层间剪力比	隔震结构	非隔震结构	层间剪力比
4	0.34	1.82	0.19	0.73	1.88	0.39	0.47	1.86	0.25
3	0.61	2.92	0.21	1.36	3.31	0.41	0.78	2.78	0.28
2	0.83	3.02	0.27	1.83	4.27	0.43	1.04	2.97	0.35
1	1.06	3.65	0.29	2.42	5.16	0.47	1.32	3.18	0.42
最大层间剪力比	—		0.29	—		0.47	—		0.42

模型基底加速度峰值 0.2g 时两种结构体系的层间剪力对比（kN）　　　表 4-6

楼层位置	EL Centro 波			Kobe 波			南京人工波		
	隔震结构	非隔震结构	层间剪力比	隔震结构	非隔震结构	层间剪力比	隔震结构	非隔震结构	层间剪力比
4	0.73	3.89	0.19	1.23	3.56	0.35	0.99	3.85	0.26
3	1.25	6.33	0.20	2.30	6.41	0.36	1.73	6.40	0.27
2	1.71	7.04	0.24	3.22	8.23	0.39	2.48	7.29	0.34
1	2.17	8.35	0.26	4.35	10.11	0.43	3.16	8.10	0.39
最大层间剪力比	0.26			0.43			0.39		

模型基底加速度峰值 0.3g 时两种结构体系的层间剪力对比（kN）　　　表 4-7

楼层位置	EL Centro 波			Kobe 波			南京人工波		
	隔震结构	非隔震结构	层间剪力比	隔震结构	非隔震结构	层间剪力比	隔震结构	非隔震结构	层间剪力比
4	1.25	6.13	0.20	1.69	6.13	0.27	1.46	5.84	0.25
3	2.11	9.55	0.22	3.14	10.83	0.29	2.87	10.63	0.27
2	2.87	11.95	0.24	4.45	14.03	0.32	4.04	13.03	0.31
1	3.57	14.47	0.25	5.90	16.41	0.36	5.03	14.37	0.35
最大层间剪力比	0.25			0.36			0.35		

4.5　刚性地基上隔震结构体系的隔震效果分析

为深入分析隔震结构体系在刚性地基条件下的隔震效果，将同一种地震动激励下隔震结构与非隔震结构的楼层加速度峰值进行对比分析，则刚性地基条件下隔震结构的隔震效率 η 可用下式定义：

$$\eta=[(a-a')/a]\times100\% \tag{4-1}$$

其中：a 是刚性地基上非隔震结构的楼层加速度峰值；a' 是刚性地基上隔震结构的楼层加速度峰值。根据此定义可求出刚性地基上隔震结构的隔震效率 η 如表 4-8～表 4-10 所示，表 4-8～表 4-10 中模型基底加速度峰值为振动台台面输入加速度峰值。

刚性地基条件下隔震结构的隔震效率 η（输入 EL Centro 波）　　表 4-8

楼层序号	模型基底加速度峰值 0.1g	模型基底加速度峰值 0.2g	模型基底加速度峰值 0.3g
	隔震效率（%）	隔震效率（%）	隔震效率（%）
1	70.5	70.8	71.0
2	75.7	78.9	79.2
3	79.9	82.4	83.0
4	82.6	85.0	85.1
5	81.1	82.6	82.9

刚性地基条件下隔震结构的隔震效率 η（输入 Kobe 波）　　表 4-9

楼层序号	模型基底加速度峰值 0.1g	模型基底加速度峰值 0.2g	模型基底加速度峰值 0.3g
	隔震效率（%）	隔震效率（%）	隔震效率（%）
1	16.8	36.4	53
2	45.9	52.7	58.6
3	56.5	58.8	63.5
4	59.9	64.4	71.1
5	58.3	63.2	70.2

刚性地基条件下隔震结构的隔震效率 η（输入南京人工波）　　表 4-10

楼层序号	模型基底加速度峰值 0.1g	模型基底加速度峰值 0.2g	模型基底加速度峰值 0.3g
	隔震效率（%）	隔震效率（%）	隔震效率（%）
1	54.7	56.4	62.0
2	69.3	70.3	71.2
3	70.8	71.4	72.9
4	72.8	74.3	75.5
5	70.8	72.2	74.6

由表 4-8～表 4-10 可以看出，刚性地基条件下，隔震结构的隔震效率控制在 16.8%～85.1%，隔震效果明显，但对于不同的地震动输入，隔震效率差异较大。EL Centro 波输

入时，隔震效率最高，大致在 $70.5\% \sim 85.1\%$；南京人工波输入时，隔震效率次之，一般为 $54.7\% \sim 75.5\%$；而 Kobe 波输入时，隔震效率相对较小，一般为 $16.8\% \sim 71.1\%$。这一现象可做如下解释：隔震结构的机理是采用在建筑的基础和上部结构之间设置柔性隔震层，延长上部结构的基本周期，从而避开地面地震动的主频带范围，减免共振效应，阻断地震能量向上部结构的传递，减小结构的地震反应。

隔震结构振动台试验中台面输入的三种地震波的傅氏谱如图 4-11 所示，从图 4-11(*a*) 中可以看出，EL Centro 波以 $3.6 \sim 10$Hz 频率范围的能量最强，其次是 $16 \sim 23$Hz 范围谱值较大，地震动的主频带范围以中高频段为主；从图 4-11(*b*) 中可以看出，Kobe 波的能量主要集中在 $2.6 \sim 7$Hz 和 $8 \sim 14$Hz 频率范围内，地震动的主频带范围以低中频段为主；从图 4-11(*c*) 中可以看出，南京人工波的主频带范围较宽，能量集中在三个频段，即 $2.8 \sim 9$Hz、$12 \sim 15$Hz 和 $18 \sim 30$Hz，地震动的主频带范围涉及低、中、高三个频段。通过白噪声扫描测得刚性地基上的非隔震结构模型的自振频率为 6.72Hz，隔震结构模型的自振频率为 2.65Hz，非隔震结构模型的自振频率位于 EL Centro 波激振的主频范围内，而隔震结构模型的自振频率则移出了 EL Centro 波激振的主频范围，避免了共振效应，使得输入 EL Centro 波时隔震结构的隔震效率较高。对于 Kobe 波，非隔震结构的自振频率位于 Kobe 波激振的主频范围内，隔震结构模型的自振频率则未能移出 Kobe 波激振的低频段（$2.6 \sim 7$Hz），不能有效减免低频段引起的共振效应，使得输入 Kobe 波时隔震结构的隔震效率明显降低；对于南京人工波，非隔震结构的自振频率位于南京人工波的主频范

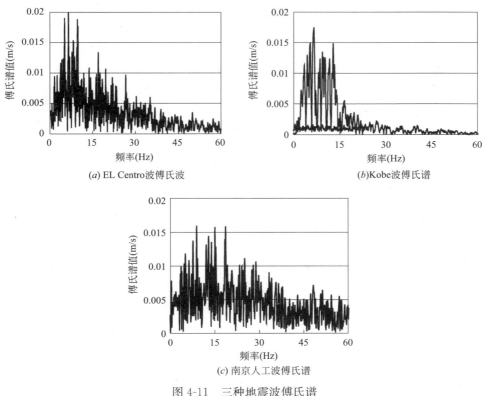

(*a*) EL Centro 波傅氏波   (*b*) Kobe 波傅氏谱

(*c*) 南京人工波傅氏谱

图 4-11 三种地震波傅氏谱

围内，隔震结构模型的自振频率移出了南京人工波的主频范围，但接近南京人工波的低频段（2.8~9Hz），南京人工波的能量在低频段所占比重相对较小，因而输入南京人工波时隔震结构仍有较好的隔震效率。

综合以上分析，在不同的工况下，隔震结构的隔震效率大致具有以下规律：

（1）隔震结构的隔震效率与输入地震动的频谱特性有关：一般来说，地震动的频谱成分中中高频分量越强，隔震结构的隔震效率愈高，如 EL Centro 波；而地震动的频谱成分中低频分量越强，隔震结构的隔震效率降低，如 Kobe 波。

（2）输入地震动的加速度峰值愈大，隔震结构的隔震效率愈高。这一规律在试验中较为明显。图 4-12 是 Kobe 输入波时结构顶层的加速度时程比较。其中图 4-12(a)、(b)、

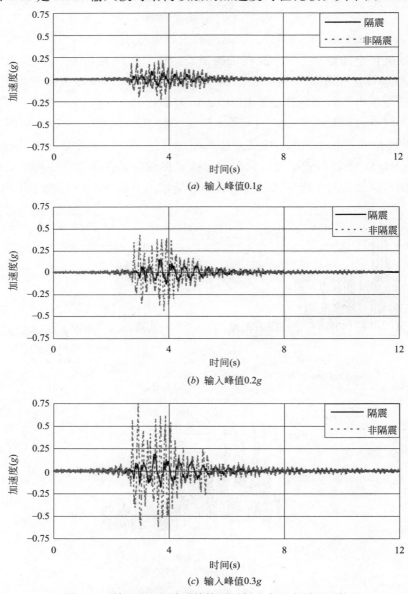

(a) 输入峰值0.1g

(b) 输入峰值0.2g

(c) 输入峰值0.3g

图 4-12　输入 Kobe 波时结构顶层加速度反应时程比较

（c）分别是输入加速度峰值为 0.1g、0.2g、0.3g 时顶层测得的加速度反应时程曲线。可以看出，随着输入加速度峰值的加大，隔震结构和非隔震结构的加速度峰值反应差异也加大，即输入峰值愈大，隔震结构的隔震效率愈高。同样，对于其他两种输入波而言，也具有类似的规律，如图 4-13 及图 4-14 所示。这一现象可做如下解释：铅芯橡胶隔震支座不

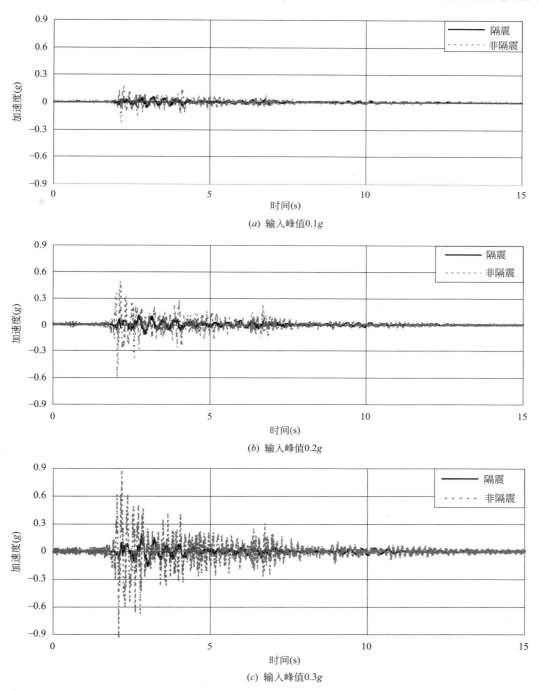

(a) 输入峰值0.1g

(b) 输入峰值0.2g

(c) 输入峰值0.3g

图 4-13　输入 EL Centro 波时结构顶层加速度反应时程比较

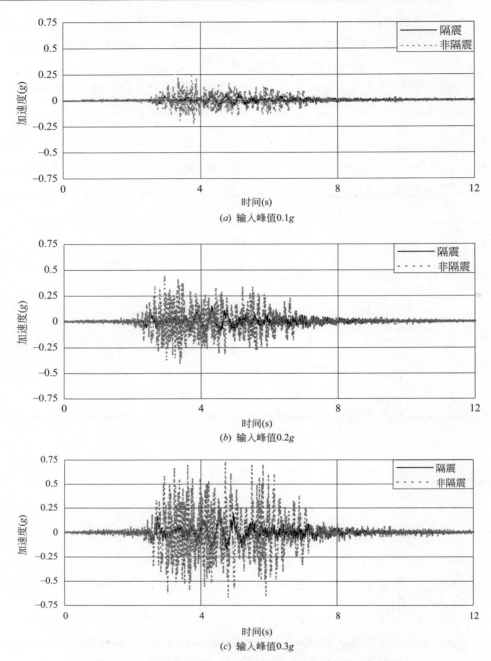

(a) 输入峰值0.1g

(b) 输入峰值0.2g

(c) 输入峰值0.3g

图 4-14　输入南京人工波时结构顶层加速度反应时程比较

仅能延长结构的基本周期，避开地面地震动的主频带范围，减免共振效应，隔断地震能量向上部结构的传递，而且铅芯屈服后具有耗能特性，因此，输入地震动的加速度峰值愈大，铅芯的耗能作用愈大，隔震结构的隔震效率愈高。

（3）隔震结构的隔震效率与楼层位置有关。由表 4-8～表 4-10 可以看出，楼层位置愈高，隔震结构的隔震效率愈高，但顶层的隔震效率有所降低，这是由于隔震结构顶层受鞭梢效应的影响顶层的加速度反应增大，相应的顶层隔震效率降低。

4.6 隔震层恢复力特性分析

铅芯橡胶隔震支座由于同时具有弹性变形、弹性恢复和耗能的特性[120-121]，其隔震支座的滞回特性能直接反映隔震层的性能。El Centro、Kobe 地震波和南京人工波输入时隔震支座水平力与水平位移滞回曲线如图 4-15～图 4-17 所示。El Centro 波、Kobe 波和南京人工波在输入加速度峰值为 0.3g 时，其所对应的隔震层最大水平位移分别为5.6mm、6.4mm 和 5.9mm。

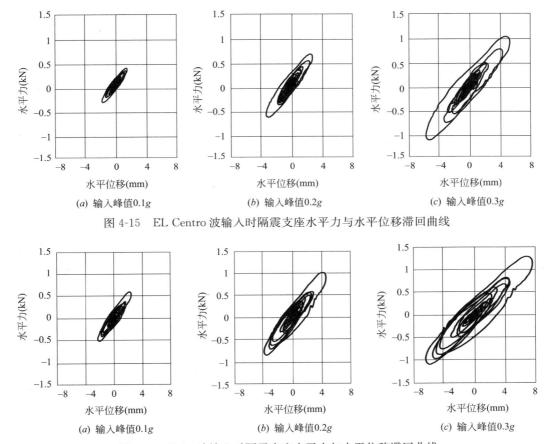

(a) 输入峰值0.1g   (b) 输入峰值0.2g   (c) 输入峰值0.3g

图 4-15 EL Centro 波输入时隔震支座水平力与水平位移滞回曲线

(a) 输入峰值0.1g   (b) 输入峰值0.2g   (c) 输入峰值0.3g

图 4-16 Kobe 波输入时隔震支座水平力与水平位移滞回曲线

由图 4-15～图 4-17 可以看出，在不同地震波和不同加速度峰值输入时，隔震层铅芯橡胶支座的恢复力特性稳定性较理想；其次，3 条不同地震波在输入峰值为 0.1g、0.2g和 0.3g 时的滞回曲线显示隔震支座滞回环面积随输入加速度峰值的增大而增大，即地震动输入加速度峰值越大，隔震支座吸能能力越好。但在相同峰值地震动输入时，不同地震波激励下，隔震支座滞回环面积差异较大。如图 4-18 所示，输入峰值 0.5g 时 Kobe 地震波激励下，隔震支座滞回环面积较大，南京人工波激励下隔震支座滞回环面积次之，EL Centro波激励下隔震支座滞回环面积相对较小，即：铅芯橡胶支座的耗能特性与输入地震波的频谱特性有关。

59

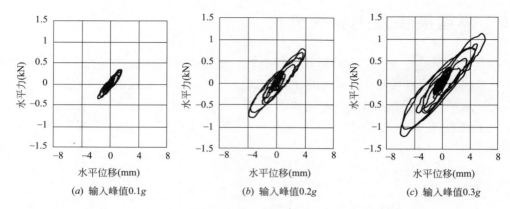

（a）输入峰值0.1g　　　　　　（b）输入峰值0.2g　　　　　　（c）输入峰值0.3g

图 4-17　南京人工波输入时隔震支座水平力与水平位移滞回曲线

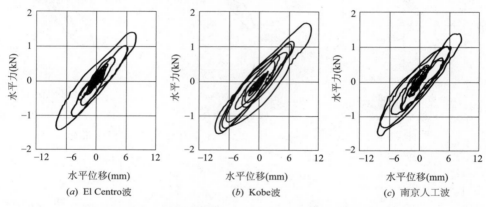

（a）El Centro波　　　　　　　（b）Kobe波　　　　　　　　（c）南京人工波

图 4-18　不同地震动输入时隔震支座水平力与水平位移滞回曲线（输入峰值 0.5g）

4.7　隔震支座竖向力和位移特性分析

隔震支座竖向力最大值和最小值如表 4-11 所示，不同地震波在输入加速度峰值为 0.5g 时隔震支座竖向力与竖向变形滞回曲线如图 4-19 所示，图 4-20 为 Kobe 波在不同峰值地震动输入时单个隔震支座竖向力变化时程曲线，竖向变形时程曲线如图 4-21 所示，综合可知：

单个隔震支座实测竖向力最大值与最小值　　　　　　表 4-11

测定指标	地震波	EL Centro 波			Kobe 波			南京人工波		
	加速度峰值	0.1g	0.2g	0.3g	0.1g	0.2g	0.3g	0.1g	0.2g	0.3g
竖向力（kN）	平均值	10.02	10.02	10.02	10.02	10.02	10.02	10.02	10.02	10.02
	最大值	12.2	14.02	16.20	14.13	16.91	18.59	12.38	14.99	17.82
	最小值	8.05	6.33	4.85	6.71	4.65	3.16	7.78	5.56	3.91

注：竖向力平均值是指 4 个隔震支座竖向力的平均值。

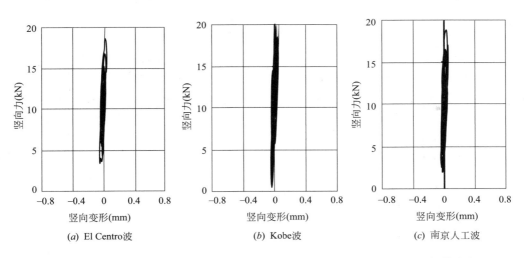

(a) El Centro波   (b) Kobe波   (c) 南京人工波

图 4-19 隔震支座竖向力与竖向变形滞回曲线（输入峰值 0.5g）（未出现拉伸应力）

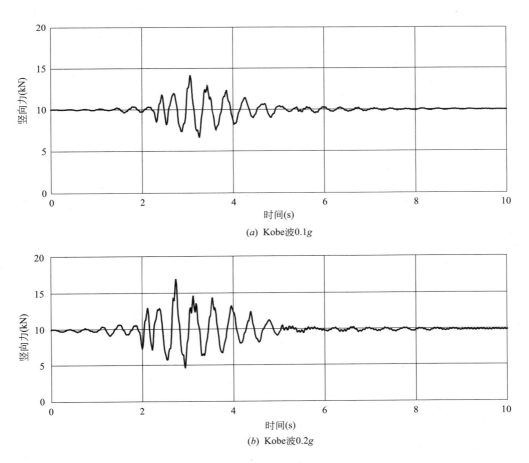

(a) Kobe波0.1g

(b) Kobe波0.2g

图 4-20 单个隔震支座竖向力变化时程曲线

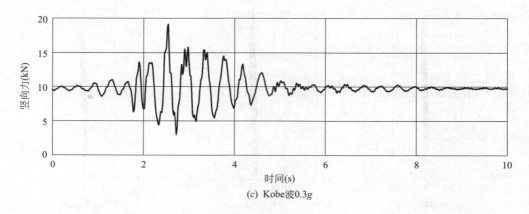

(c) Kobe波0.3g

图 4-20 单个隔震支座竖向力变化时程曲线（续）

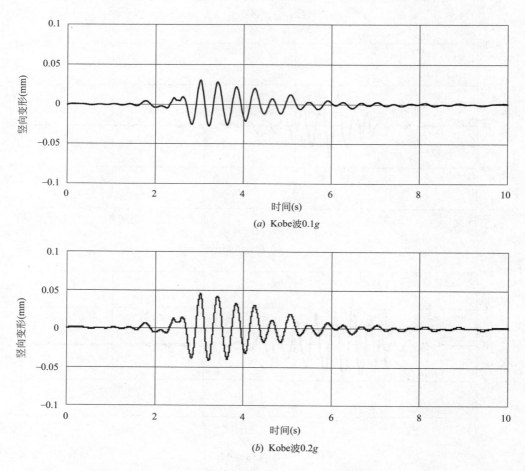

(a) Kobe波0.1g

(b) Kobe波0.2g

图 4-21 单个隔震支座竖向变形时程曲线

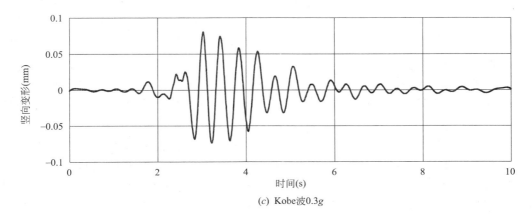

(c) Kobe波0.3g

图 4-21　单个隔震支座竖向变形时程曲线（续）

（1）隔震支座竖向力在不同地震波、不同峰值加速度输入时变化较大，且在特大峰值（0.5g）作用下未出现拉伸应力，符合隔震结构的设计要求；

（2）随着输入加速度峰值的增加，支座竖向力和竖向位移变化幅度明显增大。例如，Kobe波在输入峰值为 0.1g、0.2g 和 0.3g 时支座竖向力最大增加变化率分别为＋41%、＋69%、＋86%，竖向力最大减小变化率分别为－33%、－54%和－69%。

（3）在相同峰值地震动输入时，不同地震波激励下，支座竖向力变化幅度以 Kobe 波激励下变化幅度最大，南京人工波激励下次之，El Centro 波激励下相对较小。例如，在 Kobe 波峰值加速度 0.3g 作用下，支座竖向力最大增加、减少变化率分别为＋86%和－69%；在南京人工波峰值加速度 0.3g 作用下，支座竖向力最大增加、减少变化率分别为＋78%和－61%。在 EL Centro 波输入加速度 0.3g 作用下，支座竖向力最大增加、减少变化率分别为＋62%和－52%。以上分析表明，在相同峰值地震动输入下，输入地震波的特性对隔震结构的支座竖向力变化幅度有较大影响。

4.8　本章小结

本章对刚性地基上隔震结构模型和非隔震结构模型的试验结果进行了对比分析。分析的具体内容为刚性地基上隔震结构和非隔震结构的结构动力学特性、模型结构加速度反应、层间变形反应、层间剪力反应规律和刚性地基上模型结构隔震层的隔震效率，研究了隔震层的恢复力特性和隔震支座竖向力和位移特性，得出的主要结论有：

（1）刚性地基上隔震结构模型在不同地震作用下振型曲线底层水平位移较大，其余各层相对位移较小，呈现整体平动的特点，而非隔震结构模型的振型曲线越往顶层相对位移越大，结构变形曲线呈上凸趋势，呈现放大晃动的特点；

（2）刚性地基上隔震结构模型的楼层加速度反应、层间变形和层间剪力比非隔震结构模型明显减小的多，隔震效果显著；

（3）刚性地基上隔震结构模型的楼层最大加速度反应明显小于振动台台面输入加速

度，隔震结构模型楼层最大加速度反应的分布以底层和顶层较大，中间层相对较小；层间变形的分布以底部隔震层较大，上部其他层较小；而非隔震结构模型的楼层最大加速度反应随着楼层的高度增大而增大，结构底层最大加速度反应远小于顶层的最大加速度反应，即所谓的"鞭梢效应"非常明显；

（4）刚性地基上隔震结构模型与非隔震结构模型的层间剪力比随着楼层的增加而减小，最大层间剪力比随输入加速度峰值的增大而减小，即地震输入加速度越大，隔震效果越好；

（5）隔震结构的隔震效率与输入地震动的频谱特性和加速度峰值有关，一般来说，地震动的频谱成分中中高频分量为主，则隔震结构的隔震效率愈高；地震动的频谱成分中低频分量为主，则隔震结构的隔震效率降低；而输入地震动的加速度峰值愈大，隔震结构的隔震性能愈好；

（6）在不同地震波和不同加速度峰值输入时，铅芯橡胶隔震支座的恢复力特性稳定性较理想，地震动输入加速度峰值越大，铅芯橡胶隔震支座吸能能力越好；

（7）隔震支座竖向力与竖向变形滞回曲线的围圈面积很小，隔震支座竖向力在不同地震波和不同峰值加速度输入时变化较大，随着输入加速度峰值的增加，支座竖向力变化幅度明显增大。

第5章 一般土性地基上土-桩-隔震结构动力相互作用模型试验研究

5.1 引言

现代基础隔震技术是 20 世纪 70 年代开发出的一种安全、经济、有效的结构防震技术。隔震技术经过近 30 年的发展，在工程应用和基础理论领域取得了一系列的成果，形成了较为系统的隔震结构体系[122-123]，如今已在世界范围内得到了广泛的认可。目前已建的隔震建筑通常建在土层地基上，在这种情况下，如果不把土与结构动力相互作用（SSI 效应）考虑在隔震结构的设计中，隔震结构的性能必将受到一定程度的影响。

因此，本章主要研究一般土性地基上隔震结构体系（简称土-隔震结构体系）的地震反应规律及其隔震效果，试验结果的分析中结合了一般土性地基上钢框架结构（非隔震结构）体系振动台试验的成果进行对比分析。其次，研究了一般土性地基的动力放大效应、一般土性地基的滤波作用、一般土性地基上基底地震动的特性。最后，系统分析了一般土性地基上隔震结构体系的地震响应及隔震效果。一般土性地基上隔震结构体系

图 5-1 模型试验图片

的模型试验图片如图 5-1 所示，隔震层布置见本书第 3 章图 3-22。

5.2 一般土性地基上模型试验体系的动力学特性

通过白噪声扫描，利用模型体系顶层位置加速度测点的数据进行谱分析求得隔震结构模型与非隔震结构模型的一阶自振频率和阻尼比（如表 5-1 所示，表 5-1 中非隔震结构模型指无隔震层的钢框架结构模型）。结果表明，不同峰值地震动输入后隔震结构模型与非隔震结构模型的频率和阻尼比变化存在以下特点：

（1）一般土性地基上，隔震结构模型的一阶自振频率和阻尼比与输入地震动的峰值有关。输入地震动峰值增大，模型隔震结构的一阶自振频率减小，而阻尼比显著增加；非隔震结构模型也有类似规律，但减幅增大。例如：低峰值输入后，一般土性地基上隔震结

模型一阶自振频率比震前分别降低了 0.42%，阻尼比分别增加了 5.2%，而在高峰值输入后，一般地基上隔震结构模型的一阶自振频率比震前降低了 3.78%，阻尼比增加了 43.5%；

（2）由本书第 4 章可知：刚性地基条件下隔震结构模型较非隔震结构模型一阶自振频率的最大减幅为 60.6%，而一般土性地基条件下，隔震结构模型较非隔震结构模型一阶自振频率的最大减幅为 48.9%，即地基刚度降低，隔震结构体系较非隔震结构体系一阶自振频率的减幅降低。

一般土性地基上模型体系顶层位置的一阶自振频率和阻尼比对比　　　表 5-1

模型类别	工况	一般土性地基频率（Hz）	阻尼比（%）
隔震结构模型	HTWN1	2.48	10.5
非隔震结构模型		4.85	6.4
隔震结构模型	HTWN2	2.47	11.1
非隔震结构模型		4.75	7.6
隔震结构模型	HTWN3	2.32	18.2
非隔震结构模型		4.7	8.1
隔震结构模型	HTWN4	2.31	18.9
非隔震结构模型		4.49	8.6

5.3　一般土性地基的动力反应分析

5.3.1　模型地基的边界效应验证

在本次试验中，沿模型地基地表的激振方向布置了加速度计 A11 和 A12 来测量模型地基土层表面的加速度反应，同时验证模型箱边界效应的影响程度，其布置见本书第 2 章图 3-21(a)。通过比较两个测点测到的地震动特性来分析模型中的地基边界效应。地震动特性一般包括地震动强度、频谱特性以及持时三个方面，图 5-2 给出了一般土性地基条件下 A11 和 A12 测点的加速度时程比较（图中前五个字母及数字代表工况，后三个字母及数字代表测点）。可以看出，距离边界较近的 A12 和距离边界较远的 A11 测点的加速度时程比较接近，两测点受边界效应的影响较小。A11 和 A12 测点在不同工况下的加速度峰值如表 5-2 所示，可以看出，不同工况下 A11 和 A12 测点的加速度峰值略有不同，最大偏差仅为 2.7%。

不同工况下 A11 和 A12 测点的加速度峰值（g）　　　表 5-2

测　点	工　况		
	HTEL3	HTKB3	HTNJ3
A11	0.220	0.224	0.253
A12	0.226	0.228	0.257

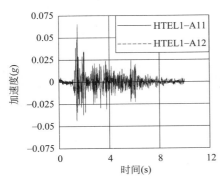 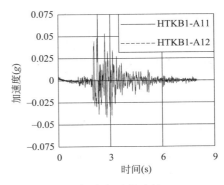

图 5-2 一般土性地基条件下 A11 和 A12 测点的加速度时程比较

图 5-3 给出了一般土性地基条件下 A11 和 A12 测点的傅氏谱比较。从中可以看出，一般土性地基条件下 A11 和 A12 测点的傅氏谱频谱分布基本相同，表明本试验对不同土性地基边界的处理效果较好。持时的定义为：持续时间为加速度达到某个值的开始时间与最后一次达到此值的时间之差。综合比较试验中各工况，发现 A11 和 A12 两测点的地震动持续时间基本一致。综合以上分析，本试验中对振动方向模型地基边界的处理较好，模型箱能较好地消除边界上波的反射或散射影响，模型箱的设计较合理。

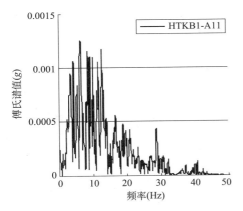 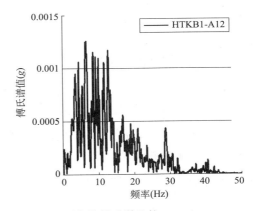

图 5-3 一般土性地基条件下 A11 和 A12 测点的傅氏谱比较

5.3.2 一般土性地基的动力放大效应

由于土是一种柔性变形体，因此在对场地进行地震反应分析时，土层内或土层表面各点的地震反应时程与基岩地震动的时程是不一样的。这种不同主要表现在两个方面[124-126]：一是土层内各点的地震反应最大值（加速度最大值、速度最大值、位移最大值等）与基岩地震动相应量的最大值不同；另外就是土层各点地震动所含的频谱成分与基岩地震动的频谱成分不同。前者即是所谓的土层放大效应，后者即是所谓的土层滤波效应。土层放大效应可用放大系数来衡量，如式 5-1 所示：

$$\lambda = |\alpha_s - \alpha_j| / \alpha_j \times 100\%$$ (5-1)

其中：λ 为加速度放大系数；α_{j} 为输入地震动加速度峰值；α_{s} 为土层表面加速度反应峰值。

　　表 5-3 列出了在一般土性地基土层的加速度放大系数，可以看出一般土性地基土层的加速度放大系数具有如下规律：①对于不同的地震动输入，地基土层的放大程度是不一样的，在相同峰值的加速度输入时，南京人工波激励下的反应较 EL Centro 波或 Kobe 波激励下的反应大；②对于同一种地震动，输入的加速度峰值大小不同，其产生的放大效应也不一样，随着输入加速度峰值的增加，加速度峰值放大系数减小。

一般土性地基土层的加速度放大系数

表 5-3

工况	地震波形	台面输入加速度峰值(g)	土表测点加速度峰值(g)	放大系数(%)
HTEL1	EL Centro 波	0.035	0.062	80.5
HTEL2	EL Centro 波	0.081	0.144	77.8
HTEL3	EL Centro 波	0.128	0.220	71.9
HTKB1	Kobe 波	0.049	0.078	58.0
HTKB2	Kobe 波	0.104	0.155	49.1
HTKB3	Kobe 波	0.159	0.224	40.9
HTNJ1	南京人工波	0.043	0.079	81.7
HTNJ2	南京人工波	0.098	0.167	70.4
HTNJ3	南京人工波	0.151	0.253	67.5

5.3.3　一般土性地基的滤波作用

　　当地震波在土介质中传播时，一方面由于土介质自身阻尼的存在，能吸收一部分波的能量；另一方面能对地震波某些频率范围的能量加以放大，当地震波传至地表时，地震动的频谱成分也就随之发生了变化，即是所谓的土层滤波效应。本次试验中观测到模型地基土层对地震动具有明显的滤波作用。

　　在本试验中，在振动台顶面（模型土箱基底处）沿激振方向布置了加速度计 A6，沿模型地基地表的激振方向布置了加速度计 A11 来测量模型地基土层表面的加速度反应，其布置见本书第 3 章图 3-21(a)，通过比较土层表面测点 A11 和振动台顶面测点 A6 的傅氏谱来分析地基土层的滤波作用。图 5-4 给出了相同输入峰值加速度条件下不同地震波时台面测点 A6 和土层表面测点 A11 的傅氏谱（图中前五个字母及数字代表工况，后三个字母及数字代表测点，下同）。

　　由图 5-4 可以看出，对于一般土性地基，台面地震动经模型地基土层滤波后得到的土层表面测点的傅氏谱发生了显著变化，主要表现为：一般土性地基滤掉了部分低频分量，使部分高频分量获得加强。例如图 5-4(a) 所示，在工况 HTEL1 时，台面输入地震波以 3.6～10Hz 频率范围的能量最强，经过一般土性地基滤波后，土表测点 A11 的傅氏谱在高频段 18～32Hz 范围内的谱值明显增大。图 5-4(b) 和图 5-4(c) 也有类似规律，其中图 5-4(c) 的现象最为显著，这是因为南京人工波的傅氏谱频谱较宽，能量集中在三个频段：2.8～9Hz、12～15Hz 和 18～30Hz，地震动的主频带范围涉及低、中、高三个频段，在

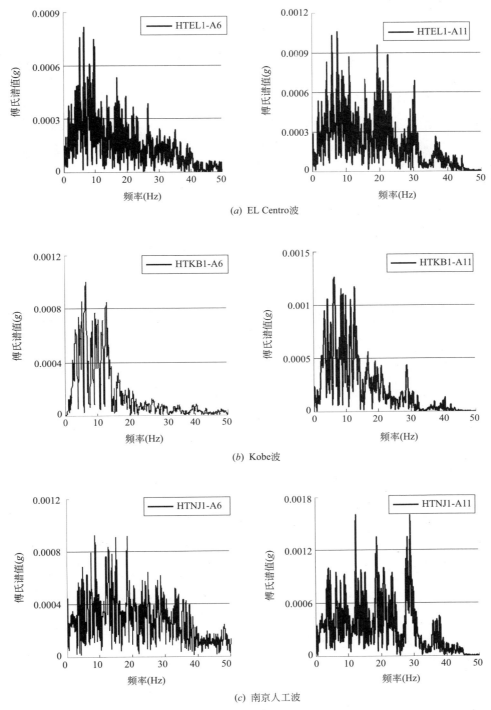

(a) EL Centro波

(b) Kobe波

(c) 南京人工波

图 5-4　一般土性地基上台面测点 A6 和土层表面测点 A11 的傅氏谱

工况 HTNJ1 时，土层表面测点 A11 的傅氏谱在高频段 19～32Hz 范围内的谱值明显增大，低频段 5～9Hz 范围内减小。上述分析表明：一般土性地基土层的滤波作用与输入地震波的特性密切相关，因此也造成隔震结构基底的输入地震动明显区别于基岩输入地震动。

5.4　一般土性地基上基础及隔震层的转动效应

按照刚性地基假定，基础处的振动没有转动且只有平动，且与场地的自由场运动一致，上部隔震结构的转动主要是由隔震层的转动引起的。然而，已有的地震观测资料[127]分析显示，土-结构相互作用的主要表现之一为地基上基础的转动。文献 [128] 指出由于结构-地基动力相互作用的影响，地震作用在建筑物上产生摇摆分量，并导致基础发生明显的转动。

试验中，在基础顶面对称地布置了一对竖向加速度计 V1 和 V2，在隔震层的顶面与V1 和 V2 相对应的位置布置了竖向加速度计 V3 和 V4，竖向加速度计 V1～V4 的布置如图 3-21(a) 所示。利用 V1、V2、V3 和 V4 的实测数据，参照文献 [128] 按公式(5-2)和公式(5-3) 可分别计算基础的转动加速度 θ_1 和隔震层的转动加速度 θ_2：

$$\theta_1 = \frac{V1 + V2}{L_1} \tag{5-2}$$

$$\theta_2 = \frac{V3 + V4}{L_2} \tag{5-3}$$

式中：L_1 为测点 V1 和 V2 的距离；L_2 为测点 V3 和 V4 的距离。

表 5-4 给出了刚性地基与一般土性地基上基础及隔震层的转动角加速度峰值，表5-4中比值为隔震层转动角加速度峰值与基础转动角加速度峰值的比值。由表 5-4 可以看出：

刚性地基与一般土性地基上基础及隔震层的转动角加速度峰值　　　　表 5-4

地震波类型	刚性地基				一般土性地基			
	输入加速度峰值(g)	基础角加速度峰值（10rad/s²）	隔震层角加速度峰值（10rad/s²）	比值	输入加速度峰值(g)	基础角加速度峰值（10rad/s²）	隔震层角加速度峰值（10rad/s²）	比值
EL Centro 波		0.0006	0.00063	1.05		0.0059	0.0137	1.74
南京人工波	0.1	0.00045	0.00047	1.04	0.05	0.0051	0.0097	1.44
Kobe 波		0.00037	0.00039	1.05		0.0047	0.0071	1.13
EL Centro 波		0.00084	0.00086	1.02		0.0137	0.0308	1.68
南京人工波	0.2	0.00078	0.00081	1.04	0.1	0.0128	0.0238	1.39
Kobe 波		0.00066	0.00068	1.03		0.0127	0.0181	1.06
EL Centro 波		0.00095	0.00104	1.1		0.0266	0.0511	1.44
南京人工波	0.3	0.00086	0.00093	1.08	0.15	0.0254	0.0436	1.29
Kobe 波		0.00074	0.00079	1.07		0.0244	0.0317	0.98

注：输入加速度峰值为振动台台面加速度峰值。

（1）地基条件由刚性地基变为一般土性地基，基础的转动角加速度峰值显著增大，基础的转动效应明显。例如,刚性地基条件下台面输入加速度峰值为 0.1～0.3g 时,基础角加速度峰值为 0.00037～0.00095rad/s²,基础转动角加速度反应可忽略不计,而一般土性地基条件下台面输入加速度峰值为 0.05～0.15g 时,基础角加速度峰值为 0.0047～0.0266rad/s²,转动角加速度峰值显著增大,基础的转动效应明显增强;

(2) 一般土性地基条件下隔震层对基础转动角加速度反应有一定的放大效应,但不同地震动输入下隔震层与基础转动角加速度峰值的比值随振动台台面输入加速度峰值的增大而减小:即输入地震动峰值增大,隔震层转动效应减弱,在 Kobe 波输入加速度峰值 0.3g 时甚至出现"减振"现象。上述分析表明:一般土性地基上隔震层的放大效应随输入地震动峰值的增大而降低,降低幅度与输入地震动的特性相关;

(3) 一般土性地基条件下由于隔震层对基础转动角加速度反应有一定的放大效应,隔震层的转动角加速度反应不可忽视,而不考虑隔震层转动效应时(即刚性地基时)隔震层的地震反应主要为平动反应,因此,一般土性地基上隔震结构隔震层的地震反应为隔震层平动分量和转动分量的耦合。

5.5 一般土性地基上隔震结构的动力响应分析

为研究一般土性地基上隔震结构体系的隔震效果,本节将对比分析一般土性地基上隔震结构体系和非隔震结构体系(钢框架结构体系)的试验结果,通过将这两种结构体系在各工况下的地震反应进行对比分析,研究 SSI 效应对一般土性地基上隔震结构体系地震反应特征的隔震层的隔震效果的影响规律及其程度。

5.5.1 隔震结构楼层加速度放大倍数

图 5-5～图 5-7 分别为输入 EL Centro 波、南京人工波和 Kobe 波时,一般土性地基上两种结构体系的楼层加速度放大倍数,图 5-5～图 5-7 中层号 0 代表模型基底。由图 5-5～图 5-7 可以看出,不同地震波和不同加速度峰值输入时一般土性地基上隔震结构体系与非隔震结构体系的楼层加速度放大倍数具有以下特点:

(1) 在输入工况加速度峰值较小时,一般土性地基上隔震结构的楼层加速度放大倍数明显小于非隔震结构的楼层加速度放大倍数,隔震效果较好;随着输入工况加速度峰值的增加,隔震结构与非隔震结构楼层加速度放大倍数的有所接近,但隔震结构楼层加速度放大倍数仍明显小于非隔震结构的楼层加速度放大倍数,隔震效果较好。例如,输入 EL Centro 波时,在工况 HTEL1 下隔震结构楼层加速度放大倍数控制在 0.41～0.53 之间,非隔震结构楼层加速度放大倍数控制在 1.34～2.24 之间,两种结构体系楼层加速度放大倍数差异较大,隔震效果较好,在工况 HTEL3 下隔震结构模型楼层加速度放大倍数控制在 0.55～0.61 之间,非隔震结构楼层加速度放大倍数控制在 1.17～1.51 之间,两种结构体系楼层加速度放大倍数的差异仍较明显,隔震效果较好;

(2) 不同的地震动输入下,一般土性地基上隔震结构的楼层加速度放大倍数差异较大,隔震结构楼层加速度放大倍数与输入地震动的特性有关。在输入工况加速度峰值较小时,以 EL Centro 波激励下楼层加速度放大倍数小于南京人工波或 Kobe 波激励下的楼层加速度放大倍数；在输入工况加速度峰值较大时，以南京人工波激励下楼层加速度放大倍数小于 EL Centro 波或 Kobe 波激励下的楼层加速度放大倍数；而非隔震结构在模型基底输入地震动峰值相同时，以南京人工波激励下楼层加速度放大倍数小于 EL Centro 波或 Kobe 波激励下的楼层加速度放大倍数；

（3）不同的地震动输入下，一般土性地基上隔震结构的楼层加速度放大倍数的分布均呈现底层和顶层较大，而中间层相对较小的分布规律，呈现整体平动的特点，这与刚性地基上楼层加速度放大倍数的分布规律相似。

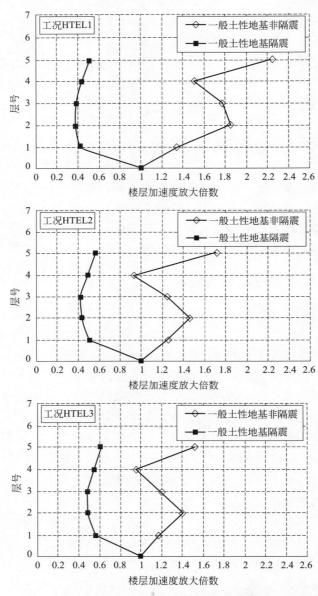

图 5-5　一般土性地基上两种结构体系的楼层加速度放
大倍数（EL Centro 波输入）

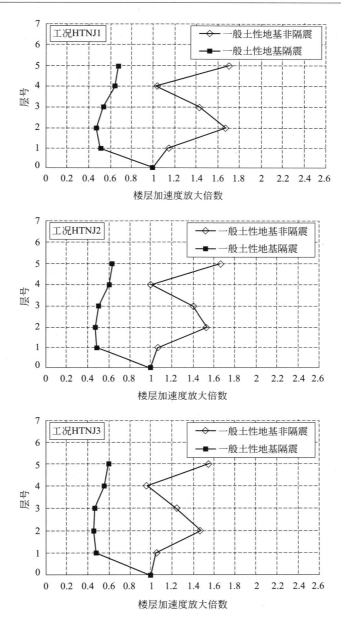

图 5-6 一般土性地基上两种结构体系的楼层加速度
放大倍数（南京人工波输入）

5.5.2 隔震结构层间剪力反应

表 5-5～表 5-7 为一般土性地基上隔震结构体系与非隔震结构体系在不同地震动激励下的层间剪力对比。由表 5-5～表 5-7 可以看出，一般土性地基上，隔震结构体系与非隔震结构体系在不同地震动激励下的层间剪力具有以下特点：

（1）一般土性地基上隔震结构的层间剪力明显小于非隔震结构的层间剪力，输入地震动的类型及峰值对隔震结构与非隔震结构的最大层间剪力比影响较大。例如，EL Centro

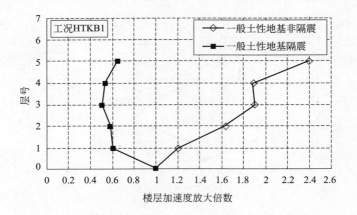

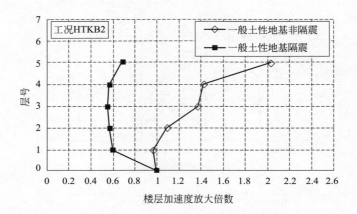

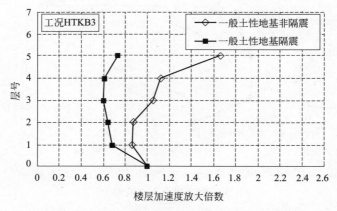

图 5-7　一般土性地基上两种结构体系的楼层加速度
放大倍数（Kobe 波输入）

波或 Kobe 波激振时，一般土性地基上隔震结构与非隔震结构的最大层间剪力比随模型基底加速度峰值的增大而增大，而在南京人工波激振时，隔震结构与非隔震结构的最大层间剪力比随模型基底加速度峰值的增加而减小；

（2）相同输入峰值加速度条件下，不同地震波激振时一般土性地基上隔震结构与非隔震结构的最大层间剪力比变化较大。例如，输入工况 HTEL1、工况 HTKB1 和工况 HT-

NJ1 时，以南京人工波激振下的最大层间剪力比大于 EL Centro 波或 Kobe 波激振下的最大层间剪力比；而输入工况 HTEL3、工况 HTKB3 和工况 HTNJ3 时，以 EL Centro 波激励下的最大层间剪力比大于南京人工波或 Kobe 波激振下的最大层间剪力比。

一般土性地基上两种结构体系的层间剪力对比（kN）　　　表 5-5

楼层位置	工况 HTEL1			工况 HTKB1			工况 HTNJ1		
	隔震结构	非隔震结构	层间剪力比	隔震结构	非隔震结构	层间剪力比	隔震结构	非隔震结构	层间剪力比
4	0.33	1.82	0.18	0.49	1.88	0.26	0.50	1.41	0.35
3	0.60	2.52	0.24	0.90	3.32	0.27	0.88	1.75	0.50
2	0.81	2.64	0.30	1.21	4.41	0.27	1.13	1.92	0.59
1	1.01	3.36	0.30	1.59	5.28	0.30	1.41	2.33	0.60
最大层间剪力比	0.30			0.30			0.60		

一般土性地基上两种结构体系的层间剪力对比（kN）　　　表 5-6

楼层位置	工况 HTEL2			工况 HTKB2			工况 HTNJ2		
	隔震结构	非隔震结构	层间剪力比	隔震结构	非隔震结构	层间剪力比	隔震结构	非隔震结构	层间剪力比
4	0.87	2.26	0.38	1.07	3.15	0.34	1.06	2.71	0.39
3	1.58	3.01	0.53	1.94	5.30	0.37	1.87	3.77	0.49
2	2.04	3.48	0.59	2.63	6.70	0.39	2.57	4.57	0.56
1	2.47	4.57	0.54	3.53	8.03	0.44	3.20	5.51	0.58
最大层间剪力比	0.59			0.44			0.58		

一般土性地基上两种结构体系的层间剪力对比（kN）　　　表 5-7

楼层位置	工况 HTEL3			工况 HTKB3			工况 HTNJ3		
	隔震结构	非隔震结构	层间剪力比	隔震结构	非隔震结构	层间剪力比	隔震结构	非隔震结构	层间剪力比
4	1.82	3.56	0.51	1.71	3.90	0.44	1.60	4.11	0.39
3	3.07	4.77	0.64	3.07	6.37	0.48	3.27	6.35	0.51
2	3.94	6.16	0.64	4.27	8.28	0.52	4.42	8.05	0.55
1	4.72	8.16	0.58	5.70	9.57	0.60	5.31	9.52	0.56
最大层间剪力比	0.64			0.60			0.56		

5.6　本章小结

　　本章主要基于振动台模型试验结果研究了一般土性地基上隔震结构体系的地震反应规律及其隔震层的隔震效果，探讨了一般土性地基上隔震模型与非隔震结构模型的结构动力学特性、模型地基的动力放大效应、地基的滤波作用、基础及隔震层的转动效应、隔震结构体系的地震响应特征等，得出的主要结论有：

（1）一般土性地基上隔震结构模型的一阶自振频率较刚性地基时降低，而阻尼比较刚性地基时增大；

（2）一般土性地基的动力放大效应明显，但随输入地震动峰值的增加，地基土层的加速度放大系数减小即土体表现出明显的非线性特性；

（3）一般土性地基具有明显的滤波效应，主要表现为：地基土层滤掉了部分低频分量，使部分高频分量获得加强，使得隔震结构基底输入地震动的频谱特征明显区别于对应的基岩面输入地震动；

（4）一般土性地基上基础转动效应明显，隔震层对基础的转动角加速度反应有明显的放大效应，但隔震层的放大效应随输入地震动峰值的增大而降低，降低幅度与输入地震动的特性相关；

（5）一般土性地基上隔震结构隔震层的地震反应为隔震层平动分量和转动分量的耦合，主要原因应为上部结构的转动被基础的转动进一步加强；

（6）一般土性地基上，随着输入工况加速度峰值的增加，隔震结构与非隔震结构楼层加速度放大倍数的有所接近，但隔震结构楼层加速度放大倍数仍明显小于非隔震结构的楼层加速度放大倍数；

（7）一般土性地基上隔震结构的层间剪力明显小于非隔震结构的层间剪力，隔震结构与非隔震结构的最大层间剪力比与输入地震动的类型及峰值密切相关。

第6章 软夹层地基土-桩-隔震结构动力相互作用模型试验研究

6.1 引言

由于我国属于地震多发国家，隔震结构作为一种经济、安全、有效的抗震结构正越来越多的应用于不同结构形式和场地条件的建筑中。实际工程中隔震结构未来有可能建于软弱地基上，而强地震动作用下软弱地基上隔震结构基底地震动出现长周期化的同时，土与结构动力相互作用对隔震结构的动力特性、地震响应等可能产生相当大的影响[129]。因此，基于软弱地基土-隔震结构相互作用的振动台试验，深入研究软弱地基上隔震结构体系的动力反应特征，探讨 SSI 效应对软弱地基上隔震结构体系的影响机理及其规律尤为重要，这对于完善软弱地基上隔震结构的抗震设计理论具有十分重要的意义。

在充分吸取现有振动台试验和理论研究成果对隔震结构地震灾变机理的认识的基础上，从场地条件、模型结构材料、输入地震动特性等方面考虑，同时考虑《建筑抗震设计规范》GB 50011—2010 对隔震结构高宽比的要求，本书第 3 章设计了软夹层地基上桩基基础隔震结构模型振动台试验方案，本章主要进行软夹层地基上桩基基础隔震结构模型的振动台试验研究，并与本书第 4 章刚性地基上隔震结构模型振动台试验的结果[130]进行了对比分析，总结了软夹层地基上桩基基础隔震结构体系的动力特性、地震波传递的特性、基础及隔震层的转动效应、上部结构加速度反应及位移反应等。软夹层地基上桩基基础隔震结构模型试验现场照片如图 6-1 和图 6-2 所示。

图 6-1　试验现场照片

图 6-2　试验模型照片

6.2 软夹层地基的地震反应分析

在振动台模型试验中，模型地基的地震反应规律能否与实际原型地基的反应相对应，是决定土与结构动力相互作用的一个重要因素。图 6-3 首先给出了输入不同地震波时模型地基不同深度处加速度反应峰值随深度的变化曲线，图 6-3 中"加速度放大系数"是指楼层加速度峰值与隔震结构基底输入加速度峰值之比，反映了地震波传播过程中加速度反应峰值放大或缩小程度。总体来看，南京人工波对输入加速度的放大效应最为明显，EL Centro 波其次，Kobe 波的放大效应最弱。这一规律也充分说明，地震波的频谱特性对模型地基的动力反应影响显著，即在相同峰值加速度条件下，具有明显近断层脉冲地震动特性的 Kobe 波造成了模型地基土发生了最强的非线性反应，使得输入加速度峰值沿地基向上传播时放大效应最弱，EL Centro 波峰值加速度被放大效应稍强，南京人工波峰值加速度最强。

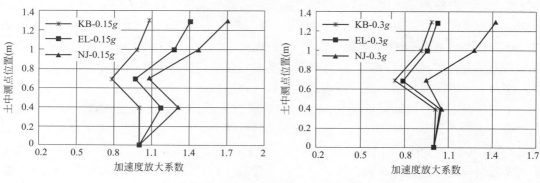

图 6-3 土层不同深度放大系数曲线

图 6-4 给出了同一输入地震波条件下不同输入峰值加速度时地基内加速度反应峰值随深度的变化曲线。总体来看，随着输入加速度峰值的增大，模型地基土层对加速度峰值的放大效应越来越小，尤其是底部土层的影响尤为明显。

从图 6-3 和图 6-4 都可以看出，从台面输入加速度的峰值经底部土层放大后，中部的软夹层下部土体对传来的地震波峰值加速度产生了明显的削弱作用。但是，经过软夹层上部土层后峰值又继续转变成被放大。这一变化规律与已有场地地震效应的反应规律研究结果基本一致，充分说明了本试验设计的模型地基能够基本反应软夹层地基的地震反应规律。

已有的大量研究表明[131-132]，软夹层对输入加速度的频谱特性具有明显的改变作用。根据模型地基不同深度处加速度计的测量结果，图 6-5 给出了不同输入地震波对应的模型地基不同深度处加速度反应动力系数谱。由图 6-5 可知，随着距离模型基础底部越来越近，在短周期范围内（0~0.15s）动力系数放大效应明显，而在中周围范围内（0.2~1s）动力系数有减小趋势。但在这一周期段内位于这一动力系数谱的变化规律明显与软弱自由场地的地震反应谱变化规律相反。究其原因，可能是场地中群桩基础的存在对周围场地起到了明显的地基加固作用，使得本试验中含软夹层场地的加速度反应谱变化规律明显区别于自由场对应的规律。但从相对应图表中可以看出这一现象需要在后面数值分析中进一步深入地验证和研究。

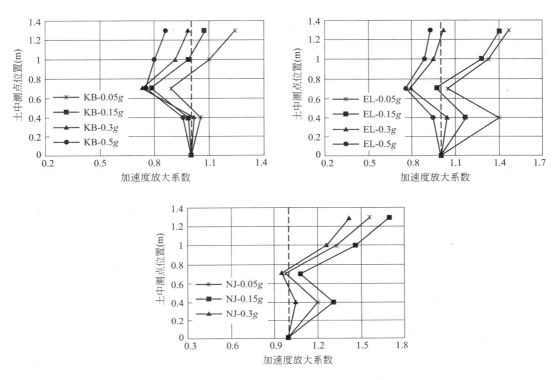

图 6-4 加速度放大系数曲线

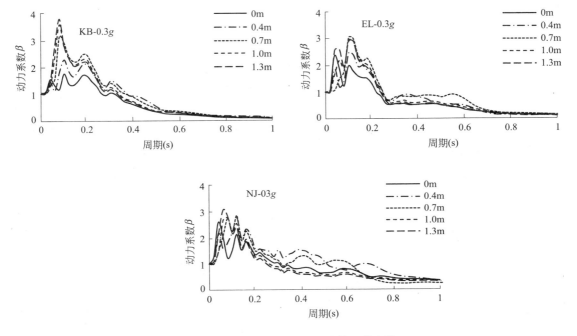

图 6-5 土层不同深度动力系数 β 谱比较

6.3　隔震层的振动特性分析

隔震层的振动特性将直接影响其对上部结构的隔震效果，本节基于模型试验结果对软夹层地基上隔震层的振动反应特性进行分析，表 6-1 给出了隔震层顶底板处加速度反应峰值对比结果。由试验结果的分析可知，输入 Kobe 波时，随着输入加速度峰值的不断增大，隔震层顶底板处加速度反应峰值的变化比率（即加速度差值除以底板出峰值加速度）越来越小，即表明隔震层的隔震效率也会越来越低。当输入 EL Centro 波，隔震层顶底板处加速度反应峰值的变化比率与输入 Kobe 波时相似，随着输入峰值的增大，隔震层的隔震效率明显降低。然而，输入南京人工波时，隔震效率的变化趋势明显异于其他地震动输入情况，随着输入峰值的增大隔震层顶底板处加速度反应峰值的变化比率越来越大，即隔震层的隔震效率越来越好。

隔震支座上部、下部加速度峰值差值　　　　　　　　表 6-1

输入加速度峰值	测点位置	Kobe 波峰值($m \cdot s^{-2}$)	值变化比	EL Centro 波峰值($m \cdot s^{-2}$)	峰值变化比	南京人工波峰值($m \cdot s^{-2}$)	峰值变化比
0.05g	支座上部	0.414	0.646	0.315	0.529	0.462	0.342
	支座下部	1.157		0.669		0.703	
0.15g	支座上部	1.101	0.503	0.565	0.488	0.811	0.376
	支座下部	2.160		1.103		1.301	
0.3g	支座上部	1.639	0.458	1.262	0.368	1.401	0.480
	支座下部	3.026		1.998		2.549	
0.5g	支座上部	2.572	0.328	2.492	0.223	—	—
	支座下部	3.827		3.206		—	

为了进一步说明隔震层对底部输入地震动的作用，图 6-6 给出了输入加速度峰值为 0.3g 时隔震支座上、下部加速度时程对比曲线及动力系数谱。由图 6-6 可知，隔震支座对底部输入地震动的动力系数谱影响明显，在短周期段动力系数谱峰值向长周期移动。隔震支座的影响尤其体现在对周期范围为 0.3～1s 范围内动力系数谱值的影响，即隔震支座对底部输入地震动在上述周期范围内起到放大谱值的作用。总体来看，南京人工波对动力系数谱的影响的周期范围最大，Kobe 波最小，EL Centro 波居于两者之间。

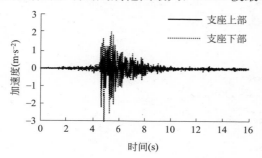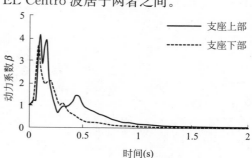

(a) Kobe 波

图 6-6　输入峰值 0.3g 时的加速度时程曲线及动力系数 β 谱

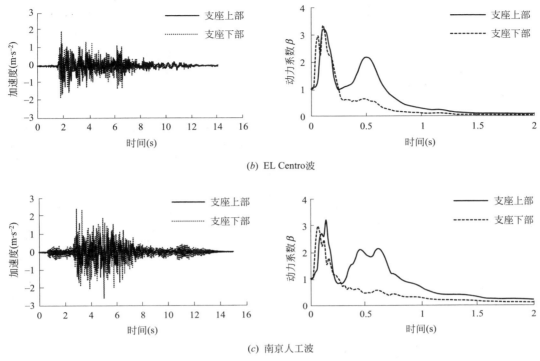

(b) EL Centro 波

(c) 南京人工波

图 6-6　输入峰值 0.3g 时的加速度时程曲线及动力系数 β 谱（续）

6.4　隔震结构的振动特性分析

本节对软夹层地基基础隔震结构的振动反应特性进行了分析。在此引入的参数"加速度峰值放大系数"是指楼层加速度峰值与隔震结构基底输入加速度峰值之比，是反应上部结构楼层加速度反应峰值放大或缩小程度的一个系数。由于地震时隔震结构的隔震层耗散了大量的地震能量，仅少部分能量传到上部结构，上部结构的地震反应基本处于弹性状态[129]，为对比刚性地基与软夹层地基上隔震结构的楼层加速度峰值放大系数，此处软夹层地基上隔震结构楼层加速度峰值放大系数根据试验实测的数据采用插值法计算得到，使其对应的模型基底加速度峰值（PGA）分别为 0.1g、0.2g、0.3g，使隔震结构在软夹层地基与刚性地基上具有等效的基底加速度峰值[133]。图 6-7 为软夹层地基与刚性地基上隔震结构楼层加速度放大系数的对比，图中层号 0 代表模型基底，层号 1 为隔震层顶部，其他层号依次类推。

由图 6-7 可以看出，由于 SSI 效应的影响软夹层地基上隔震结构楼层峰值加速度放大系数与刚性地基时差异较大，具体表现为：EL Centro 波激振时楼层加速度峰值放大系数较刚性地基时明显增大，Kobe 波激振时楼层加速度峰值放大系数在大震（PGA＝0.3g）时较刚性地基时增大，而小震（PGA＝0.1g）时其值小于刚性地基时的楼层加速度峰值放大系数；南京人工波激振时楼层加速度峰值放大系数较刚性地基时略有增加。上述分析表明：软夹层地基上 SSI 效应可增大也可减小隔震结构的地震反应。

81

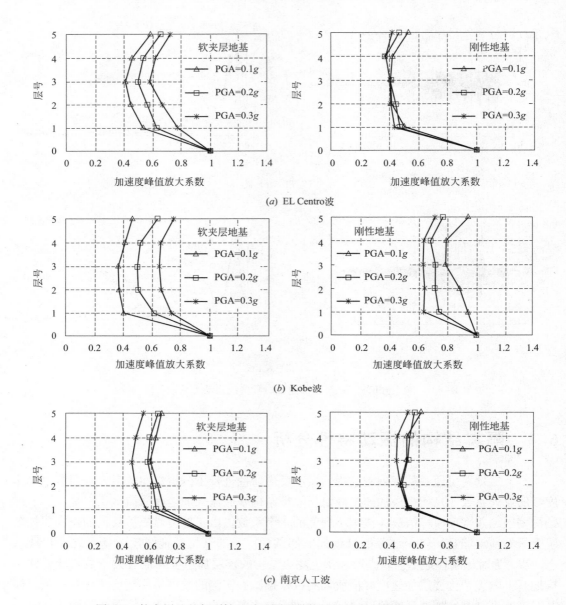

图 6-7　软夹层地基与刚性地基上隔震结构楼层加速度峰值放大系数对比

　　进一步分析图 6-7 可以看出，刚性地基上隔震结构楼层加速度峰值放大系数随 PGA 的增大而减小，即输入地震动峰值越大，隔震效果越好；而软夹层地基上隔震结构的隔震效果与刚性地基时差异较大，主要表现为：南京人工波激振时楼层加速度峰值放大系数随 PGA 的增大而减小，隔震结构的隔震效果与刚性地基时相似；而 EL Centro 波和 Kobe 波激振时，楼层加速度峰值放大系数随 PGA 的增大而增大，即输入地震动峰值越大，隔震效果越差，表明软夹层地基上隔震结构的隔震效果降低。上述分析表明：软夹层地基上输入地震动的类型和峰值对隔震结构的隔震效果有较大影响。上述影响规律与参考文献［56］中软土地基上高层隔震结构隔震效果的影响规律并不相同。

6.5 基础及隔震层的转动效应

已有的研究表明考虑土-结构动力相互作用时建筑基础相对于地基产生平动和转动，其改变了上部结构的动力反应方程，使上部结构的动力反应特征发生较大变化。本书第5章一般土性地基上隔震结构体系振动台模型试验初步研究结果表明：考虑SSI效应时隔震结构的基础及隔震层存在转动效应。为研究软夹层地基上隔震结构基础及隔震层的转动效应对上部结构地震反应的影响，软夹层地基上隔震结构模型试验中按第5章的方法在隔震基础及隔震层顶面处分别布置了竖向加速度计V1、V2和V3、V4，参照第5章按公式(5-2)和公式(5-3)计算基础的转动角加速度$\ddot{\theta}_1$和隔震层的转动角加速度$\ddot{\theta}_2$，计算结果如表6-2所示。表6-2中比值为隔震层转动角加速度峰值与基础转动角加速度峰值的比值。图6-8和图6-9比较了工况JTEL2和工况JTNJ2时基础与隔震层转动角加速度的傅氏谱。

软夹层地基上基础及隔震层转动角加速度峰值 表 6-2

地震波 类型	PGA （g）	基础转动角 加速度峰值 （rad/s²）	隔震层转动角 加速度峰值（rad/s²）	比值
EL Centro 波		0.347	0.418	1.200
南京人工波	0.1	0.356	0.435	1.220
Kobe		0.414	0.432	1.04
EL Centro 波		0.459	0.716	1.56
南京人工波	0.2	0.556	0.659	1.190
Kobe 波		0.810	0.980	1.210
EL Centro 波		1.113	1.762	1.580
南京人工波	0.3	0.940	0.920	0.980
Kobe		1.129	1.502	1.330

由表6-2可以看出，软夹层地基上隔震结构基础转动角加速度峰值为 0.347～1.129rad/s²，由本书第5章可知，一般土性地基上隔震结构基础转动角加速度峰值为 0.0047～0.0266rad/s²，刚性地基上基础转动角加速度峰值很小可忽略不计。上述分析表明：软夹层地基上隔震结构基础的转动效应较一般土性地基时显著增强。

由表6-2可以看出，隔震层对基础转动角加速度反应有一定的放大效应。EL Centro 波和 Kobe 波输入时隔震层与基础转动角加速度峰值的比值随 PGA 的增大而增大，即输入地震动峰值越大，隔震层转动效应越明显，其中以 EL Centro 波输入时最为明显。而南京人工波输入时隔震层与基础转动角加速度峰值的比值随 PGA 的增大而减小，即输入地震动峰值增大，隔震层转动效应减弱，在地震动输入加速度峰值 0.3g 时甚至出现"减振"现象。上述现象表明不同地震激振下，隔震层的放大效应并不相同，与输入地震动的特性相关。

通过分析图6-8和图6-9可知，工况 JTEL2 和工况 JTNJ2 输入的地震动峰值相同，但相应的基础转动角加速度频谱特性并不相同，工况 JTEL2 时基础转动角加速度反应的主频范围在 9～11.7Hz，频谱范围涉及中低频段；而工况 JTNJ2 时基础转动角加速度反应的主频范围两个频段，即：11.2～13.9Hz 和 27.9～29.8Hz，频谱范围涉及中高频段。基础转动角加速度反应经隔震层传播后，隔震层转动角加速度反应的傅氏谱值有明显变化，工况 JTEL2 时隔震层的傅氏谱在低频段 6.9～7.5Hz、1.5～1.8Hz 范围内谱值明显增大，其最大增幅达到 60.2%，对应的隔震层与基础转动角加速度峰值的比值为 1.52；而工况 JTNJ2 时隔震层的傅氏谱在频段 7.0～7.5Hz、1.6～1.8Hz 和 24.7～26.4Hz 范围内谱值增大，其最大增幅为 32.5%，对应的隔震层与基础转动角加速度峰值的比值为 1.2。上述分析表明：①隔震层的放大效应与基础转动角加速度反应的频谱特性相关，隔震层对以中低频分量为主的基础转动角加速度反应放大效应明显，而对以中高频分量为主的基础转动角加速度反应放大效应降低。②相对于基础转动角加速度反应的频谱组成，隔震层转动角加速度反应频谱组成的高频分量减弱，中低频分量明显加强，频谱组成向低频转变。

　　与 6.2.3 节分析结果相吻合的是：EL Centro 波和 Kobe 波激振时隔震层对基础转动角加速度的放大效应随 PGA 的增大而增大；而南京人工波激振时隔震层对基础转动角加速度的放大效应随 PGA 的增大而减小。综合以上分析表明：隔震层转动效应显著时，隔震结构楼层加速度峰值放大系数增大，隔震效果降低；而隔震层转动效应减弱时，楼层加速度峰值放大系数与刚性地基时相似，隔震效果较好。

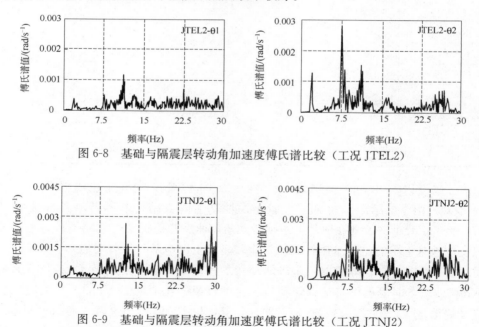

图 6-8　基础与隔震层转动角加速度傅氏谱比较（工况 JTEL2）

图 6-9　基础与隔震层转动角加速度傅氏谱比较（工况 JTNJ2）

6.6　本章小结

　　本章进行了软夹层地基桩基基础隔震结构振动台模型试验，分析了不同地震输入和不同输入强度下软夹层地基、隔震层以及隔震结构动力相互作用体系的振动反应特性。同时，对刚性地基和软夹层地基两种性质完全不同的地基上隔震结构的模型试验结果进行了对比分析，重点研究了 SSI 效应对隔震结构动力特性、地震反应特征的影响规律，得到的主要结论如下：

（1）根据模型试验中软夹层地基的加速度峰值随深度的变化规律，与已有的相关研究对比基本可以确定本次试验制作的模型地基能够很好地反应软夹层地基的地震反应规律，基本达到了本次试验对软夹层地基的模拟要求。

（2）对比分析了隔震层顶底部加速度反应，给出了不同输入地震动条件下隔震层对输入地震动的隔震效果及其频谱特性的影响规律，尤其是隔震支座对底部输入地震动在中长周期范围内起到放大谱值的作用，这一点在隔震结构设计中应做进一步的系统研究。

（3）软夹层地基上隔震结构基础转动效应明显，软夹层地基上隔震结构基础的转动效应较一般土性地基时显著增强。

（4）软夹层地基上隔震结构的隔震层对基础转动角加速度反应具有滤波和一定的放大效应，隔震层的放大效应与输入地震动的类型及基础转动角加速度反应的频谱特性相关，主要表现为：隔震层对以中低频分量为主的基础转动角加速度反应放大效应明显，而对以中高频分量为主的基础转动角加速度反应放大效应降低。

（5）软夹层地基上 SSI 效应可增大也可减小隔震结构的地震反应。当隔震层转动效应显著时，隔震结构楼层加速度峰值放大系数增大，隔震效果降低；而隔震层转动效应减弱时，楼层加速度峰值放大系数与刚性地基时相似，隔震效果较好。

第7章 不同土性地基上隔震结构振动特性的对比分析

7.1 引言

由于地基土性的差异，不同土性地基上 SSI 效应对隔震结构动力特性的影响规律并不相同，对隔震结构的地震响应及其隔震效果的影响亦存在较大差异[129]。因此，基于不同土性地基上多层隔震结构振动台模型试验，深入分析不同土性 SSI 效应对隔震结构地震响应及其隔震效果的影响机理及其规律具有十分重要的意义。

本书第 4 章、第 5 章和第 6 章分别进行了刚性地基、一般土性地基以及软夹层地基上隔震结构及非隔震结构振动台模型试验研究，本章基于上述 3 种不同地基上隔震结构振动台模型试验研究的成果，进一步对比分析了不同地基上隔震结构体系的动力反应特征以及隔震效果。本章的研究成果有助于完善考虑 SSI 效应的不同场地上隔震结构抗震设计理论和地震安全性评价，能为隔震结构抗震设计相关规范提供合理的参考与指导。

7.2 不同地基条件下的试验概况

不同地基上隔震结构振动台模型试验遵循相同的相似关系，根据试验目的，选取模型的长度 S_1、隔震支座应力 S_σ 和加速度 S_a 为基本物理量，根据 Bukingham 定理，导出其他物理量的相似比，试验相似比设计详见本书第 3 章。

模型试验于 2009 年和 2014 年分两阶段进行，第一阶段进行刚性地基和一般土性地基上隔震结构及非隔震结构振动台模型试验；第二阶段进行软夹层地基上隔震结构及非隔震结构振动台模型试验。三种地基上隔震结构的模型试验中上部结构均采用四层钢框架结构，模型底层 0.6m，其余各层 0.5m，激振方向模型高宽比为 2.625，每层配重 7.36kN，总配重 36.8kN，隔震支座采用 4 个直径为 100mm 的铅芯橡胶支座，模型基础采用 2×3 群桩基础。其中两种土性地基模型土的厚度基本相同，约为 130cm，一般土性地基模型试验地基土为含水量较小且压实度较高的均匀粉细砂（含水量实测值为 8.6%～9.2%），本章称之为"一般土性地基"，试验模型布置见第 3 章 3-21(a)。软夹层地基模型试验地基土为分层土，自上而下分别为砂土、含水量较高的黏土（含水量实测值为 27.2%～30.0%）、饱和密实砂土，分层土形成"软夹层地基"，各土层厚度分别为 30cm、40cm、60cm。试验模型布置见第 3 章 3-21(b)。模型土箱采用南京工业大学岩土工程研究所研制的层状剪切变形土箱，该土箱可有效减小模型土层有限边界的影响。三种地基上隔震结构模型体系的量测内容主要有：上部结构的加速度及水平位移、隔震支座的压力及水平力，模型地基土的加速度、模型基础承台竖向加速度分量、水平向加速度分量、桩土界面的接触压力及桩身应变等物理量。三种地基上隔震结构模型体系均采用单向激振，试验加载方案见第 3 章表 3-5～表 3-7。

7.3 试验宏观现象分析

三种不同地基隔震结构模型试验中结构的上部结构反应宏观现象基本一致，即在台面输入加速度峰值较小时，上部位移反应较小，随着台面输入加速度峰值的增大，上部结构的位移反应增强，隔震层位移反应明显。

三种不同试验中两土性地基上观察到的结构沉降现象并不相同，一般土性地基模型试验中隔震结构模型没有出现明显的倾斜和不均匀沉降，而软夹层地基模型试验中在试验加载结束后隔震结构模型观察到一定的倾斜和不均匀沉降，但倾斜和沉降量相对较小。上述试验宏观现象表明：地震中软夹层地基上隔震结构较容易产生沉降及倾斜，如图 7-1(a)所示。

两种不同土性地基的模型试验结束后，挖出桩体发现沿桩身分布着较多水平裂缝，其中以桩身上部的水平裂缝较多，桩尖端基本没有裂缝发生，如图 7-1(b)所示。在裂缝处把保护层混凝土拨开，发现桩内铁丝在裂缝处发生明显的锈蚀现象，如图 7-1(c)所示。另外，沿激振方向的三排桩中，两排边桩的裂缝较多，中间桩的裂缝相对较少。

(a) 隔震结构倾斜　　　　　(b) 桩顶部开裂　　　　　(c) 桩内铁丝锈蚀

图 7-1　软夹层场地隔震结构试验中桩的开裂与结构倾斜

7.4 不同地基上隔震结构体系动力特性的对比分析

三种不同地基隔震结构模型试验测得模型结构体系的一阶自振频率和阻尼比如表 7-1 所示，表中阻尼比根据试验结果采用改进的半功率点法计算[134]。由表 7-1 可以看出，由于土与结构相互作用（SSI 效应）的影响，土性地基与刚性地基上隔震结构体系的一阶自振频率和阻尼比差异较大，综合来看，不同地基上 SSI 效应对隔震结构体系动力特性的影响具有以下规律：

（1）由于 SSI 效应的影响，两种土性地基上隔震结构体系的一阶自振频率小于刚性地基上的一阶自振频率，但减幅较小，而隔震结构体系的阻尼比明显高于刚性地基上的阻尼比。

　　（2）SSI 效应对隔震结构体系一阶自振频率和阻尼比的影响与地基土性以及输入地震动的峰值有关，地基由刚变柔，隔震结构体系的一阶自振频率降低，阻尼比增大；从试验开始到试验结束，输入地震动的峰值不断增大，隔震结构体系的一阶自振频率减小，而阻尼比明显增加。

　　根据上述规律，由于 SSI 效应的影响，地基越柔，隔震结构体系的一阶自振频率降低，一阶自振频率进一步向低频转变。而已有的研究表明[129]，软弱地基条件下土层的滤波效应使基底地震动的频谱组成中低频成分获得加强，不利于减免共振效应，可能导致软弱地基上隔震结构体系的地震反应增大。

不同地基上隔震结构体系的一阶自振频率和阻尼比　　　　　　　　　　表 7-1

工况	地基类别					
	刚性地基		一般土性地基		软夹层地基	
	频率(Hz)	阻尼比(%)	频率(Hz)	阻尼比(%)	频率(Hz)	阻尼比(%)
试验前	2.65	8.3	2.48	10.5	2.4	14.8
试验后	2.62	8.8	2.31	17.2	2.27	18.4

7.5　不同地基上隔震结构地震反应的对比分析

　　图 7-2 为不同地基上隔震结构楼层加速度放大系数的对比，图中层号 0 代表模型基底。为对比不同地基上隔震结构的楼层加速度峰值放大系数，本文土性地基上隔震结构楼层加速度峰值放大系数根据试验实测的数据采用二次插值法计算得到，使其对应的模型基底加速度峰值（PGA）分别为 0.1g、0.2g、0.3g，使隔震结构在土性地基与刚性地基上具有等效的基底加速度峰值[133]。由图 7-2 可以看出，由于 SSI 效应的影响，不同地基上隔震结构楼层加速度峰值放大系数差异较大，而不同地震动以不同峰值加速度输入时，SSI 效应对楼层加速度峰值放大系数的影响也不相同。总体看，不同地基 SSI 效应对隔震结构楼层加速度峰值放大系数的影响具有以下规律：

　　（1）SSI 效应对隔震结构地震反应的影响与地基土性有较大关联。主要表现为两个方面：一方面，一般土性地基上隔震结构楼层加速度峰值放大系数与刚性地基时相近或小幅增加，甚至出现 Kobe 波输入时，在基底加速度峰值为 0.1g 和 0.2g 时楼层加速度峰值放大系数较刚性地基时减小的现象。对比结果表明：一般土性地基上隔震结构考虑 SSI 效应时的地震反应相比刚性地基时不考虑 SSI 效应时的地震反应差别较小。另一方面，软夹层地基上隔震结构楼层加速度峰值放大系数与刚性地基时有较大差异。当采用 EL Centro 波输入时，软夹层地基上隔震结构的放大系数明显比刚性地基上对应值大得多；而当采用 Kobe 波输入时，只有在大震时软夹层地基上隔震结构的放大系数比刚性地基条件下的结构放大系数略有增加，在小震时软夹层地基上隔震结构的放大系数反而比刚性地基时要小；当采用南京人工波输入时，在中小震时软夹层地基上隔震结构的放大系数比刚性地基条件下的值略有增加，在大震时与刚性地基上隔震结构的加速度放大系数非常接近。对比结果表明：软夹层地基上 SSI 效应可能增大也可能减小隔震结构上部结构的地震反应。

（2）软夹层地基上 SSI 效应可能增大也可能减小隔震结构上部结构的地震反应，与输入地震动的特性和强度密切相关。通过进一步分析图 7-2 可以看出：刚性地基上不同地震动输入时隔震结构楼层加速度峰值放大系数均随基底加速度峰值的增大而减小，即输入地震动峰值越大，隔震效果越好。而软夹层地基上南京人工波激振时楼层加速度峰值放大系数随基底加速度峰值的增大而减小，这与刚性地基时相似，EL Centro 波和 Kobe 波激振时楼层加速度峰值放大系数随基底加速度峰值的增大而增大，这与刚性地基时相反，即输入地震动峰值增大，隔震效果降低。

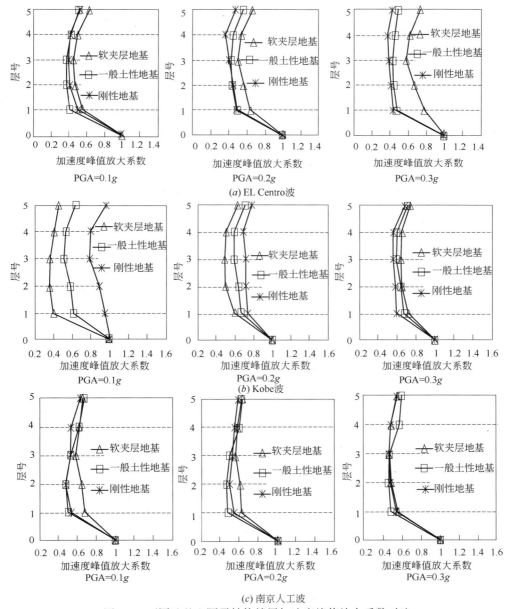

图 7-2 不同地基上隔震结构楼层加速度峰值放大系数对比

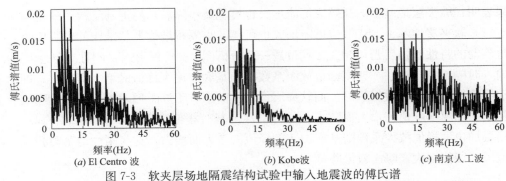

图 7-3　软夹层场地隔震结构试验中输入地震波的傅氏谱

上述刚性地基上隔震结构楼层加速度峰值放大系数的变化规律与当前已有的研究成果[12]相吻合，而软夹层地基上隔震结构楼层加速度峰值放大系数的变化规律与刚性地基时并不相同，其原因可作如下解释：隔震结构的机理是采用在建筑的基础和上部结构之间设置柔性隔震层，延长上部结构的基本周期，从而避开地面地震动的主频带范围，减免共振效应，阻断地震能量向上部结构的传递，减小结构的地震反应。

对于软夹层地基上的隔震结构，由本章第 7.4 节可知，由于 SSI 效应的影响，软夹层地基上隔震结构的一阶自振频率较刚性地基时降低，但降幅较小（仅为 9.4%），软夹层地基上隔震结构仍为低频结构。本书第 6 章的试验结果和文献［132］均表明：软夹层地基对输入地震动的峰值加速度起明显的削弱作用，且软夹层地基改变了输入地震动的频谱特性，地基表层地震动的频谱特性呈现出向低频转变的特点，随输入地震动峰值的增大，向低频转变的现象越明显。有鉴于此，当输入地震动的频谱特性以低频分量为主时，随输入地震动峰值的增大，地基表层地震动的主频范围可能逐渐接近隔震结构的一阶自振频率，共振效应的影响将不断增强，隔震结构的地震反应将不断增大，因而隔震楼层加速度峰值放大系数将随输入地震动峰值的增大而增大。反之，当输入地震动的频谱特性以高频分量为主时，软夹层地基上隔震结构的一阶自振频率则很可能避开地基表层地震动的主频范围，减免共振效应，隔震结构的地震反应降低，因而隔震结构楼层加速度峰值放大系数随输入地震动峰值的增大而减小。软夹层地基上隔震结构的试验结果与上述分析相印证，图 7-3 是软夹层场地上隔震结构试验中输入地震动的傅氏谱，可以看出，EL Centro 波和 Kobe 波的频谱组成中低频分量的比重较大，而南京人工波频谱较宽，其高频分量比重相对较大，图 7-2 的试验结果显示：软夹层地基条件下 EL Centro 波和 Kobe 波输入时隔震结构楼层加速度峰值放大系数随基底加速度峰值的增大而增大，而南京人工波输入时隔震结构楼层加速度峰值放大系数随基底加速度峰值的增大而减小。

7.6　不同地基上隔震层隔震效率的对比分析

图 7-4～图 7-6 给出了 EL Centro 波、Kobe 波和南京人工波激振时隔震结构在不同地基上隔震层隔震效率的比较。由图 7-4～图 7-6 可以看出，由于 SSI 效应的影响，刚性地基与土性地基上，隔震结构体系的隔震效率差异很大，而不同的地震动输入下，SSI 效应对隔震结构体系隔震效率的影响明显不同，大致具有以下规律：

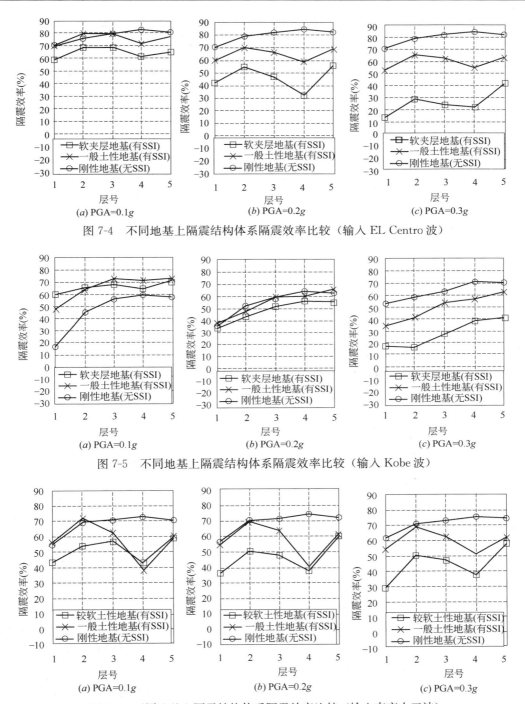

图 7-4 不同地基上隔震结构体系隔震效率比较（输入 EL Centro 波）

图 7-5 不同地基上隔震结构体系隔震效率比较（输入 Kobe 波）

图 7-6 不同地基上隔震结构体系隔震效率比较（输入南京人工波）

（1）不同土性地基上 SSI 效应对结构隔震效率的影响与地基土性密切相关。总体来看，除了采用 Kobe 波小震输入时，刚性地基上隔震层的隔震效率最高，一般土性地基上隔震层的隔震效率次之，软夹层地基上隔震层的隔震效率相对最差。软夹层地基上隔震结构体系隔震效率较差的原因可从以下两方面解释：首先，由于 SSI 效应的影响，软夹层地基上隔震结构体系的一阶自振频率较刚性地基时小幅降低，而软夹层地基的滤波效应使地基表层地震动的频谱特性向低频转变，共振效应的影响可能增强，隔震结构的地震反应增大，隔震结构的隔震效降低。其次，由于 SSI 效应的影响，软夹层地基上非隔震结构体系的阻尼比增大，土层的阻尼作用增强，使非隔震结构楼层加速度反应减小，即软夹层地基上 SSI 效应对非隔震结构具有减震作用，从而间接降低了隔震结构的隔震效率。上述两方面共同作用的结果将导致软夹层地基上隔震结构隔震层的隔震效率最差。

（2）不同地基上 SSI 效应对隔震层的隔震效率的影响与输入地震动的特性和峰值有关。刚性地基上不同地震动激振时隔震结构的隔震效率均随基底加速度峰值的增大而增大，即输入地震动峰值越大，隔震层的隔震效果越好。

（3）软夹层地基上隔震结构的隔震效率随基底加速度峰值的增大而降低，其中以 EL Centro 波激振时隔震结构隔震效率的降幅最为显著，最大降幅达 45.7%，Kobe 波激振时隔震效率的降幅次之，南京人工波激振时隔震效率的降幅相对较小。

（4）一般土性地基上 EL Centro 波和 Kobe 波激振时隔震层的隔震效率随基底加速度峰值的增大而降低，但降低幅度较小，而南京人工波激振时隔震层的隔震效率随基底加速度峰值的增大而增大，现象与刚性地基时相似。上述分析表明：一般土性地基上隔震层的隔震效率随输入地震动峰值的增大可能增大也可能降低，但隔震效率没有明显的降低，即一般土性地基上隔震结构能够有效发挥隔震层的隔震效果。

7.7　本章小结

本章对刚性地基、一般土性地基和软夹层地基三种不同地基上隔震结构体系振动台模型试验结果进行了对比分析，研究了不同地基上 SSI 效应对隔震结构动力特性、地震反应特征和隔震层隔震效率的影响规律，主要结论如下：

（1）SSI 效应对隔震结构动力特性的影响与地基土性以及输入地震动的峰值有关。总体来看，随着地基由刚变柔，隔震结构的一阶自振频率降低，阻尼比显著增大；随着输入工况地震动峰值不断增大，隔震结构体系的一阶自振频率减小，而阻尼比也显著增加。

（2）不同土性地基 SSI 效应对隔震结构地震反应的影响并不相同。软夹层地基上 SSI 效应可能增大也可能减小隔震结构上部结构的地震反应，与输入地震动频谱特性和强度有关，该问题需结合数值模拟方法进一步深入研究。

（3）不同土性地基 SSI 效应对隔震结构隔震效率的影响与地基刚度密切相关，总体来看，刚性地基上隔震结构的隔震效率较高，一般土性地基上隔震结构的隔震效率次之，而软夹层地基上隔震结构的隔震效率相对较差。

（4）不同地基上隔震结构的隔震效率与输入地震动的特性和峰值有关。刚性地基上隔震结构的隔震效率均随 PGA 的增大而增大，即输入地震动峰值越大，隔震结构隔震效果越好。软夹层地基上隔震结构的隔震效率随 PGA 的增大而降低，降低幅度与输入地震动的特性有关；而一般土性地基上隔震结构的隔震效率随 PGA 的增大可能增大也可能降低，但隔震效率没有明显的降低，即一般土性地基上隔震结构能够有效发挥隔震层的隔震效果。

第8章 土-桩-隔震结构动力相互作用的数值计算与模型试验对比分析

8.1 引言

目前，结构的地震反应分析方法主要集中在原型测试、试验模拟、数值分析以及简化计算等。地震反应分析中，对比分析是一种行之有效的分析方法。其中，将模型试验与数值计算结果进行对比是最为普遍，这样可以更有效的验证试验结果的正确性，同时发现试验中的欠缺，以更好地完善后续试验的试验方案。同时，模型试验结果也可以对建立的土-桩-隔震结构动力相互作用模型的正确性和可行性进行验证。

本章以软夹层地基基础隔震结构模型试验为依据，使用了有限元软件 ABAQUS 建立了：①刚性地基基础隔震结构；②刚性地基非隔震结构；③软夹层地基基础隔震结构；④软夹层地基非隔震结构共四个整体三维有限元分析模型。具体分析了刚性地基及软夹层地基条件下，隔震结构模型试验与数值计算所得体系的加速度及层间位移反应对比。基于数值计算的合理性，使用了数值计算结果，进一步分析了 SSI 效应对隔震结构地震反应的影响，以及软夹层地基基础隔震与非隔震结构的地震反应特征。

8.2 土-桩-隔震结构动力非线性相互作用的有限元分析模型

8.2.1 模型材料本构模型及参数

软夹层地基-桩基础-隔震结构动力非线性相互作用模型所使用的材料主要有钢筋、混凝土以及地基土。

1. 混凝土本构模型及参数

本章中使用的混凝土模型是混凝土损伤塑性模型，其动力本构模型表达式详见本书第 2 章 2.2.2 节。

模型桩和承台使用了微粒混凝土材料浇筑，主要材料参数如表 8-1 所示。图 8-1～图 8-4 为混凝土塑性损伤曲线。

承台结构微粒混凝土的动塑性损伤模型参数　　　表 8-1

模型参数	参数值	模型参数	参数值
弹性模量 E(MPa)	0.85×10^4	初始屈服拉应力 σ_{t0}(MPa)	0.68
泊松比 ν	0.18	拉伸变量 ω_t	0
密度 ρ(kg/m³)	2700	压缩变量 ω_c	1
扩张角 $\psi(0)$	36.3	压缩因子 d_c	0
初始屈服压应力 σ_{c0}(MPa)	3.91	阻尼比 ξ	0.1
极限压应力 σ_{cu}(MPa)	5.69		

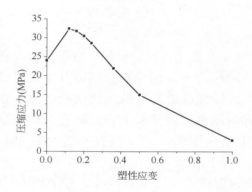

图 8-1　混凝土塑性应变与压缩应力曲线

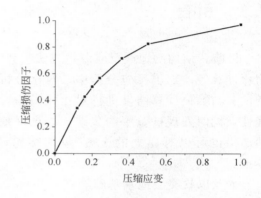

图 8-2　混凝土压缩应变与压缩损伤因子曲线

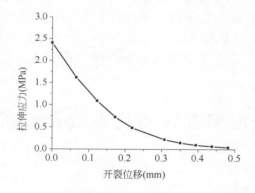

图 8-3　混凝土开裂位移与拉伸应力曲线

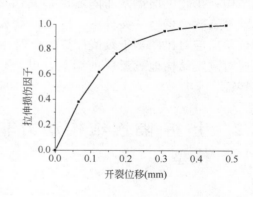

图 8-4　混凝土开裂位移与拉伸损伤因子曲线

2. 钢筋材料参数

钢材的力学参数见表 8-2。

钢材材料参数　　　表 8-2

材料名称	弹性模量(GPa)	密度(kg·m⁻³)	屈服应力(MPa)
钢材	210	7800	300

3. 土体本构模型及参数

在地震荷载作用下，土体（尤其是软弱地基土）通常处于塑性变形阶段，非线性性质很强。因此，对于软弱地基土的本构关系模型采用本书第 2 章 2.2.1 节提出的改进的土体动力黏塑性记忆型嵌套面模型。该模型的主要优点有参数确定简单，同时进行了动三轴试验对模型加以验证，结果表明模型是可行性，并在 ABAQUS 软件中成功实现二次开发，经过了数值计算验证。根据试验设计方案及实测结果确定数值模型土体的基本参数见表 8-3。

模型土的基本参数   表 8-3

土层	厚度(m)	密度(kg·m^{-3})	剪切波速 V_s(m/s)	泊松比
粉细砂	0.3	1760	80	0.49
黏土	0.4	1933	40	0.49
粉细砂	0.6	1920	120	0.49

8.2.2 土-桩-隔震结构三维有限元模型的建立

本章所建立的隔震结构与非隔震结构整体三维有限模型均严格根据振动台试验结构模型尺寸和物理力学参数建立。模型上部结构采用四层钢框架建立，钢框架的梁和柱均使用三维线部件模拟，分别将梁的线部件赋予梁的真实截面尺寸和属性、柱部件赋予柱截面属性。梁柱截面使用了 Timoshenko 单元（B31），此单元允许横向剪切变形，对厚梁和长细梁都有很好的适用性。楼板层使用板单元简化，并赋予真实厚度，同时通过计算将配重通过增大楼板密度一并施加。本文试验用隔震支座平均水平刚度 0.278kN/mm，竖向刚度 197.9kN/mm，因此，在有限元模型中需如实反映。

隔震支座通过在三个方向建立线性弹簧并施加阻尼模拟，然后分别赋予试验得出的弹簧刚度和阻尼值，使数值模拟支座在线弹性范围内具有与试验用隔震支座相近的特性。为了缩短计算时间，减少结构约束是非常有效的途径，将上部结构的梁柱单元在部件组装时进行合并，形成整体，删除了梁柱之间的绑定约束；由于承台面与土表齐平，承台结构规则，因此，桩基础承台与土可共同建立一个规则六面体部件模型，尺寸与模型试验一致，为 3.5m(长)×2.0m(宽)×1.3m(高)，并剖分出承台部分，将承台部分单元赋予混凝土的材料属性，这样就可以取消承台与地基土间的约束。地基土则根据模型试验地基参数剖分为三层，分别赋予相应的地基属性即可，同时使用上文提到的土体动力黏塑性记忆型嵌套面模型对土体非线性特性进行模拟。在承台中嵌入上下两层钢筋网，以接近真实应力状态。下部桩基也使用梁单元简化，通过嵌入约束使群桩与土体形成绑定。模型边界条件则是在模型侧边界及下部边界均沿激振方向自由，其余方向施加固定约束模拟。为了减少计算时间，得到更加精确的计算结果，土性地基隔震结构的承台和地基土单元使用线性减缩积分单元 C3D8R，而线性减缩积分由于存在沙漏问题而过于柔软，因此需在 Input 文件中人为添加命令或在网格模块中勾选 Enhance 命令进行加强，以解决地基土模型沙漏问题。输入波使用的是振动台试验现场实测波，以使模拟基本条件与试验实际情况更加接近。输入波类别和输入工况与试验保持一致，本书第 3 章工况表已详细给出，在此就不多加赘述。

图 8-5 给出了土性地基基础隔震结构三维有限元模型，对应的非隔震模型则将隔震支

座移除，对结构底梁与承台结点施加绑定约束即可；而对刚性地基的模拟则是基于刚性地基振动台实验方案，使用 10mm 钢板固定上部隔震结构，刚性地基非隔震结构与土性地基非隔震相同。地震波于钢板底部施加。

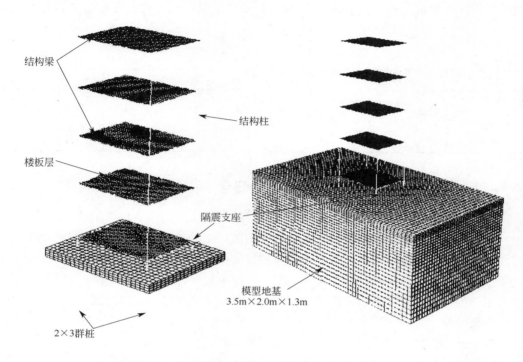

结构梁

结构柱

楼板层

隔震支座

模型地基
3.5m×2.0m×1.3m

2×3群桩

图 8-5　土性地基三维有限元模型

8.3　有限元模型的模态分析

　　ABAQUS 中模态分析的主要计算方法为 Lanczos 法、子空间法以及 AMS 法。Lanczos 法适用于计算阶数较少的动力模型。对于动力问题，振型分析时着重研究的是前几阶振型，使用 Lanczos 法非常合适。子空间法是计算大型矩阵特征值时最常用的方法之一，AMS 法适用于大规模模型需要提取大量模态，其计算速度要比其他方法快数十倍。

　　图 8-6～图 8-8 分别为刚性地基及软夹层地基隔震结构和非隔震结构的一阶振型图。由图可知，结构的变形主要以结构的转动和侧向位移为主，基本符合隔震结构和非隔震结构在地震动激励下的变形特征。隔震条件下，结构的侧向位移更加明显，且主要集中在隔震层处。软夹层地基上非隔震结构的转动现象非常明显，地基失稳现象严重，也体现出考虑 SSI 效应的必要性。

　　表 8-4 将模型试验与数值计算所得的结构自振频率进行了对比。从表中数值看，模型试验与数值计算的结构自振频率是十分接近的，隔震条件下模态分析得到的结构自振频率要比试验小，非隔震时则相反。

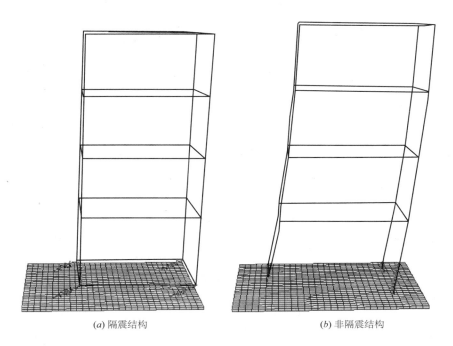

(a) 隔震结构　　　　　　　　　　　　　　(b) 非隔震结构

图 8-6　刚性地基隔震、非隔震一阶振型

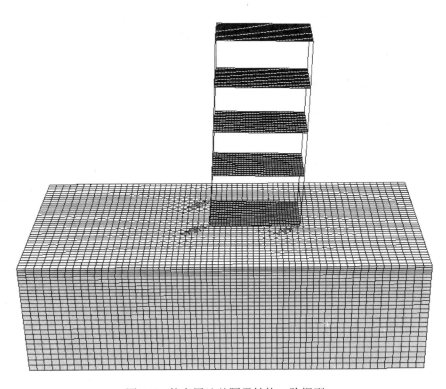

图 8-7　软夹层地基隔震结构一阶振型

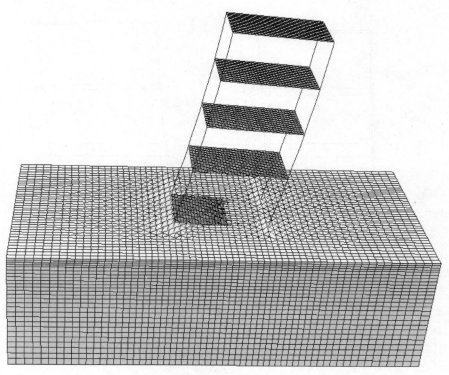

图 8-8　软夹层地基非隔震一阶振型

结构的自振频率　　　　　　　　　表 8-4

频率（Hz）	基础隔震		非隔震	
	刚性地基	软夹层地基	刚性地基	软夹层地基
试验结果	2.65	2.4	6.72	—
模态分析	2.41	2.32	6.97	5.30

8.4　模型试验体系地震反应的对比分析

　　结构的位移反应以及加速度峰值反应是评估结构受地震荷载作用时其具体地震反应程度的重要指标，同时也是结构抗震设计的重要参考依据。层间位移、加速度峰值都较大时，结构更易发生破坏，且破坏程度更加严重，同时也说明此结构的抗震性能较差。通过对比隔震结构模型试验与数值计算结果，可以更好地反映地震发生时地震波在结构中的传播规律，从而找到结构的薄弱部位，以期获得更具说服力的结论，为隔震结构的设计提供更加有力的依据。

8.4.1　刚性地基隔震结构模型试验与数值计算结果对比

　　本节将刚性地基条件下基础隔震结构模型试验结果与数值计算结果进行了对比，图 8-9 和图 8-10 分别给出了上部结构加速度放大系数和层间位移的对比。加速度放大系数对比结果表明，数值计算基本反映出了隔震结构的加速度反应规律，即输入 $0.2g$ 时三种输入波放大系数在隔震层处均有一定偏差，但数值上差别都不大。Kobe 波下输入峰值为 $0.2g$ 时试验与计算结果存在一定偏差，且主要集中在隔震层处，同时数值计算值要小于模型试验值。当输入峰值增大到 $0.3g$ 时，两者差距明显减小，且变化规律也更加接近；输入 EL Centro 波时，隔震层处放大系数较接近，模型试验中放大系数的趋势是随楼层的上升先逐渐减小后转为增大，但计算中却是一直增大的，因此两者在发展趋势方面有一定的差异；输入南京人工波时，除输入 $0.2g$ 时隔震层处放大系数有差别外，其他楼层处的加速度反应无论数值还是变化趋势都基本一致。综上所述，引起误差的可能原因为：①结构模型建立过程中使用了一定的简化，如结构梁柱使用了线单元简化等，使两者结果不可避免存在一定的误差；②试验中一些不确定因素如噪声、操作偏差等均会引起试验结果的误差。因此，在进行后续试验或数值模拟时需引起注意。

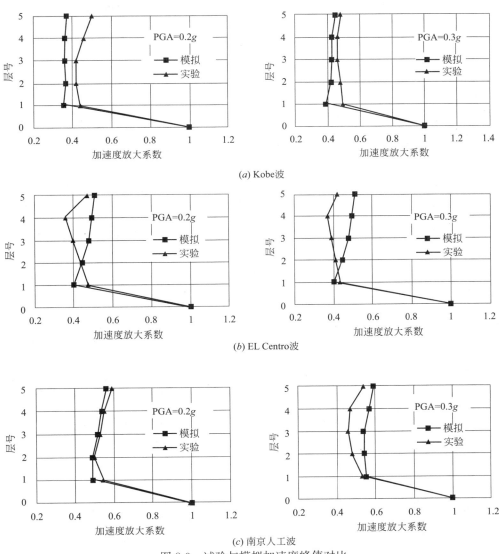

图 8-9　试验与模拟加速度峰值对比

位移反应对比结果与加速度反应对比结果具有一定的相似性，隔震层层间位移的差别均非常明显。输入 Kobe 波时，隔震层处的计算值较试验值小 0.5mm 左右，但考虑到隔震层位移很大，因此结果仍较合理；EL Centro 波和南京人工波输入时表现出较好的一致性，隔震层处的层间位移也相对较接近，因此从层间位移量看数值计算效果较好。输入峰值为 0.3g 时，隔震层位移峰值相差很大，均在 6mm 左右。

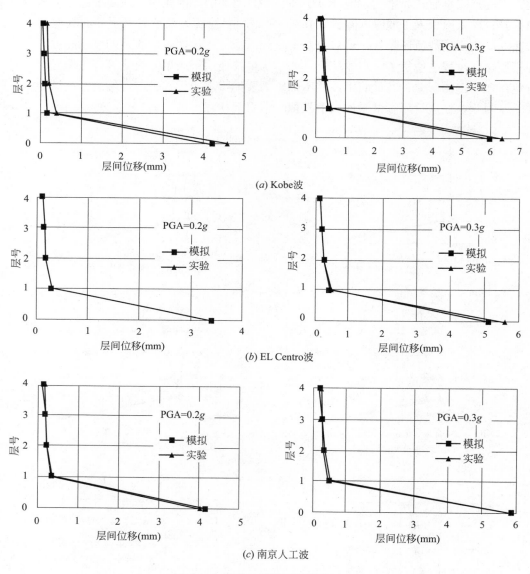

(a) Kobe波

(b) EL Centro波

(c) 南京人工波

图 8-10　试验与模拟层间位移对比

8.4.2　软夹层地基上隔震结构模型试验与数值计算结果的对比

考虑 SSI 效应后结构的地震反应研究将变得更加复杂，地震波在土层中传播的过程中频谱特性必然会发生较大变化。通常地表加速度峰值与承台顶的加速度峰值是不相等的，主要原因是由于承台及其下部群桩作用使其刚度与自由场土体明显不等，导致地基的滤波效应具有一定的差异，地表地震动频谱特性也会明显不同。

1. 地基表面及承台顶加速度峰值对比

表 8-5 给出了输入波为 Kobe 波、EL Centro 波以及南京人工波时承台顶部和土体表面的加速度试验值与计算值的比较；图 8-11～图 8-16 给出了输入峰值为 0.3g 时，土体表面及承台顶处加速度时程及傅里叶谱对比曲线。表中的误差计算公式为：

$$误差 = \frac{试验值 - 模拟值}{试验值} \times 100\% \tag{8-1}$$

从表 8-5 中误差列数值可知，小震和中震时试验值相对模拟值差别较大，而大震时误差则明显减小，保持了较好的一致性。其中小震误差基本超过了 30%，造成误差较大的原因可能是：其一，可能由于小震时峰值基数较小，误差极易被放大；其二、可能由于土的非线性特性问题的复杂性，所使用的土体本构模型还存在不完善的地方；其三、可能由于室内试验得到的土体物理力学参数不够准确。而大震时，除个别工况外，误差值基本在 5% 左右，最小仅为 0.1%。因此总体而言，土体表面和承台顶的峰值误差仍在合理范围内，数值计算结果是基本正确的。

土体表面和承台加速度峰值比较（单位：m·s⁻²） 表 8-5

工况	承台顶			土体表面		
	模拟值	试验值	误差(%)	模拟值	试验值	误差(%)
KB0.05g	0.689	1.157	39.2	0.809	1.140	29.0
KB0.15g	1.654	2.160	23.4	1.875	2.161	13.2
KB0.30g	2.553	3.026	15.6	2.816	3.011	6.5
KB0.50g	3.681	3.827	3.8	4.032	4.037	0.1
El0.05g	0.442	0.669	33.9	0.554	0.701	21.0
El0.15g	0.798	1.091	26.8	1.001	1.201	16.7
El0.30g	1.948	1.997	2.4	2.468	2.361	4.5
El0.50g	2.706	3.206	15.6	3.424	3.241	5.6
NJ0.05g	0.46	0.70	34.2	0.52	0.63	17.5
NJ0.15g	1.00	1.30	23.1	1.23	1.41	12.8
NJ0.30g	2.18	2.54	14.2	2.47	2.61	5.4

从图 8-11～图 8-16 看出，模型试验和数值计算的加速度时程曲线随时间的变化趋势基本保持一致，但试验值较计算值而言均较大；所对应的傅里叶谱在谱域组成以及谱值变化趋势基本相同，与此同时，数值计算得到的谱值也要比试验值小。

101

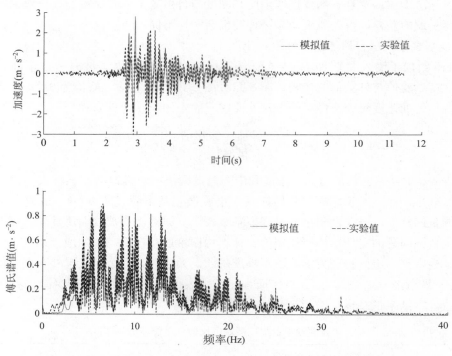

图 8-11　输入峰值 $0.3g$ 时 Kobe 波土体表面加速度峰值及傅里叶谱对比

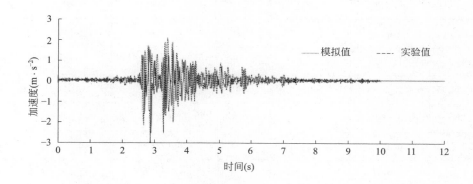

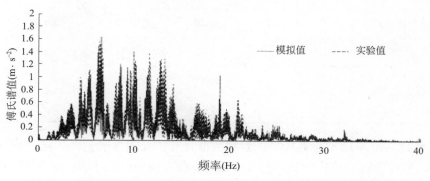

图 8-12　输入峰值 $0.3g$ 时 Kobe 波承台顶加速度峰值及傅里叶谱对比

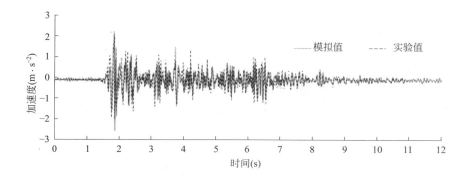

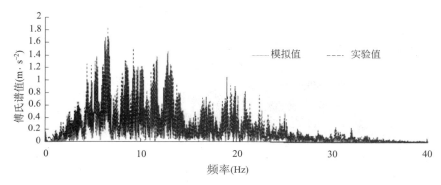

图 8-13　输入峰值 $0.3g$ 时 EL Centro 波土体表面加速度峰值及傅里叶谱对比

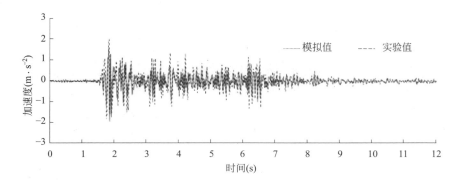

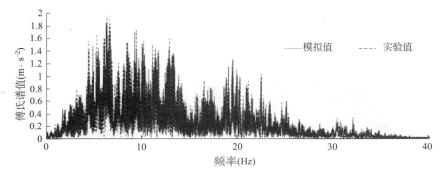

图 8-14　输入峰值 $0.3g$ 时 EL Centro 波承台顶加速度峰值及傅里叶谱对比

103

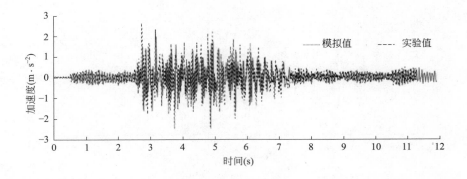

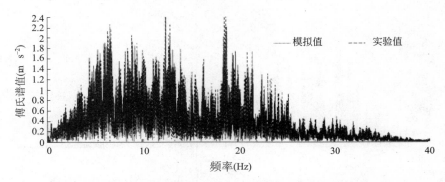

图 8-15 输入峰值 $0.3g$ 时南京人工波土体表面加速度峰值及傅里叶谱对比

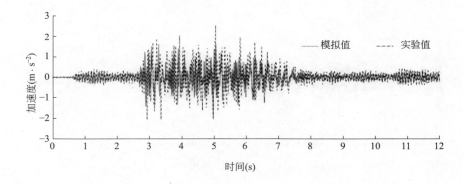

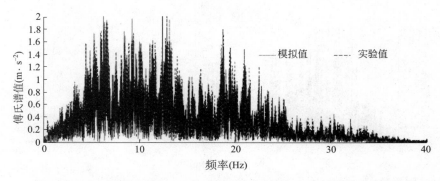

图 8-16 输入峰值 $0.3g$ 时 Kobe 波承台顶加速度峰值及傅里叶谱对比

2. 地震波传播过程中的放大系数比较

图 8-17 为模型试验与数值计算得楼层加速度放大系数对比。从图 8-17 看，试验和计算所得的加速度放大系数对比来看数值上还存在一定差距，尤其在结构中部差距最为明显，同时随着输入峰值的增大有逐渐减小的趋势。这可能是由于作为上部结构输入波的承台顶部的试验与数值计算地震峰值存在一定的误差，造成了包括加速度发展规律、层间位移等在内的结构地震响应的差异。但两者的基本趋势相近，均表现为隔震层到结构中层加速度峰值逐渐减小，然后随楼层升高加速度峰值随之增大，到顶层时达到最大。

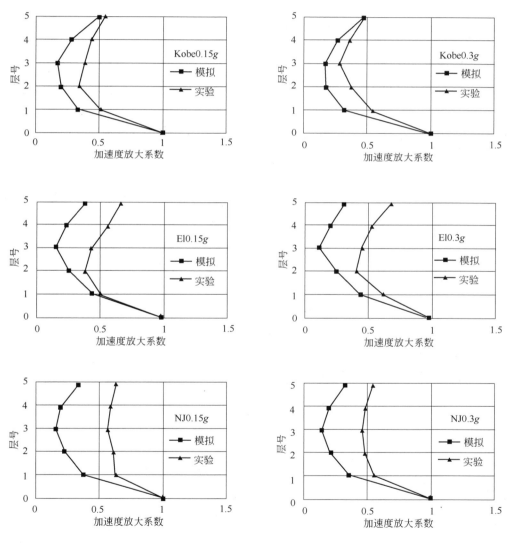

图 8-17 试验与计算楼层加速度反应对比

图 8-18 为不同土层深度下加速度放大系数对比。对比中可以看到软夹层区域峰值的变化趋势基本相同，说明正确模拟出了软夹层中地震波传播的一般规律。但软夹层下部饱和密砂区加速度放大趋势略有不同。综合本书第 2 章看，试验中只有输入峰值为 $0.5g$

时，密砂层加速度才可能出现减小，但数值计算输入峰值 0.3g 时已有减小趋势，这可能是室内试验所得的土层参数不够准确所引起的，同时密砂层的误差也极有可能是引起上部结构地震响应存在较大误差的主要原因，需在后续试验中加以验证。软夹层上部松砂层规律也较好，数值计算的合理性得到了体现。

总体而言，数值计算结果和模型试验结果在对宏观规律的定性分析上还是合理可行的；但就具体数值而言，无论是试验的误差控制还是数值计算的精确程度上都仍需加强。

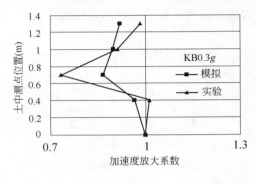
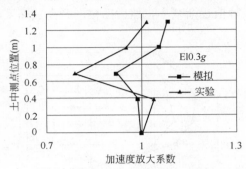

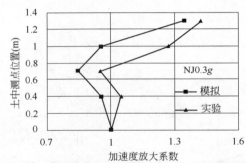

图 8-18 不同土层深度试验与计算加速度反应对比

8.5 SSI 效应对隔震结构动力反应的影响分析

无数研究表明，动荷载作用下 SSI 效应是客观存在的[135-137]，SSI 效应既可能增大结构的地震反应也可能减小结构的地震反应。

表 8-6 给出了隔震结构 SSI 效应的影响率，其公式为：

$$SSI\ 影响率 = \frac{不考虑\ SSI\ 反应峰值 - 考虑\ SSI\ 反应峰值}{考虑\ SSI\ 反应峰值} \times 100\% \tag{8-2}$$

从 SSI 影响率表看，SSI 效应对结构地震反应的影响还是非常明显的，SSI 效应有可能增大也可能减小结构的地震反应。表中数据也体现出结构顶底层受 SSI 影响较小，中间层影响较大的总趋势，其中最大值达到了 411.3%，可见考虑 SSI 效应是极为必要的；与此同时不同波输入时 SSI 影响率也存在明显的差异，其中对南京人工波影响最大，Kobe 波最小。EL Centro 波居于两者之间。

隔震结构 SSI 影响率（%）　　　　　　　　　　　　　表 8-6

层号	Kobe 波				EL Centro 波			
	0.05g	0.15g	0.3g	0.5g	0.05g	0.15g	0.3g	0.5g
5	11.6	44.4	24.8	46.2	78.7	64.3	82.1	81.07
4	83.8	113.2	106.6	131.8	185.1	161.5	169.6	176.7
3	178.6	166.4	233.1	263.3	249.9	287.5	365.5	411.3
2	132.7	118.5	210.8	200.4	124.7	11.7	88.19	103.2
1	35.4	40.2	55.8	72.3	−14.2	−9.1	−2.5	−2.9
隔震层	37.4	33.9	28.9	38.0	17.4	23.3	29.0	40.5

层号	南京人工波		
	0.05g	0.15g	0.3g
5	118.4	129.7	128.9
4	318.2	293.9	267.0
3	299.2	372.9	401.7
2	141.6	211.3	211.9
1	60.8	96.1	84.1
隔震层	1.1	30.7	32.8

8.6　软夹层地基结构地震反应的数值分析

软夹层地基结构地震反应的研究主要集中于地基土与隔震结构在隔震与非隔震条件下加速度反应的异同上。

图 8-19 为软夹层地基隔震结构与非隔震结构加速度峰值对比，地震波在地基土中的传播趋势基本一致，但隔震结构传递到地表的加速峰值明显小于非隔震结构，这是由于隔震层延长了结构体系的自振周期，增大了体系的阻尼，体系耗能能力有所增强。软夹层下侧处的峰值出现了明显减小的拐点，这说明软夹层地基能有效减小地震峰值。

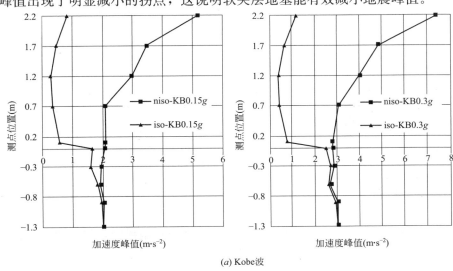

(a) Kobe波

图 8-19　软夹层地基隔震、非隔震结构加速度峰值对比

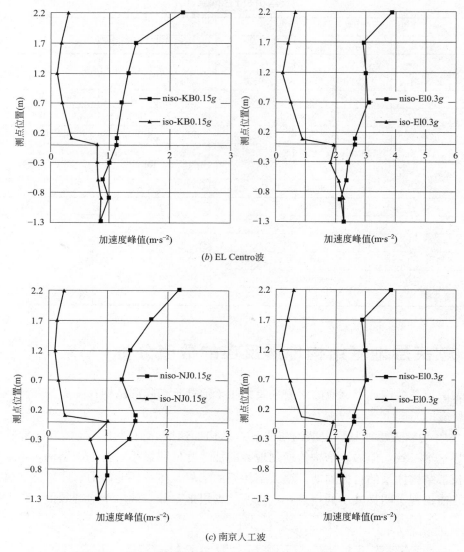

(b) EL Centro波

(c) 南京人工波

图 8-19 软夹层地基隔震、非隔震结构加速度峰值对比（续）

非隔震结构的峰值除南京人工波外呈随楼层逐渐增大的趋势，到顶层增速达到最大；而隔震结构的上部结构的加速度峰值均比承台处的峰值小。楼层顶与承台顶的加速度峰值的比值中，Kobe 波的比值为 0.50、0.47，EL Centro 波的比值为 0.38、0.30，南京人工波为 0.33、0.25。

8.7 本章小结

本章建立了刚性地基、软夹层地基隔震结构及非隔震结构地震反应的三维有限元分析模型，对比分析了模型试验和数值分析的结果，主要研究结果如下：

（1）数值模态分析得出的模型结构体系的自振频率与模型试验结果非常相近，验证了本文设计的软夹层地基上模型试验体系在模拟土-隔震结构动力相互作用的可靠性。

（2）对比分析了刚性地基上模型结构加速度放大系数。总体来看，数值模拟计算结果与模型试验结果也基本一致。从数值上看，Kobe 波输入时两者结果差距较大，但 EL Centro 波和南京人工波输入时两种结果比较接近。因此，数值计算结果还是很好的反应刚性地基隔震结构的地震反应规律。

（3）对比分析了软夹层地基上承台顶和土层表面加速度反应，结果表现为小震和中震时两者误差稍大，大震时误差明显减小。虽然计算的加速度峰值与模型试验结果相比有一定差距，但加速度反应的频谱特性具有很好的一致性，验证了模型试验地基土在动力学特征方面的考虑基本是合理的。

（4）对比分析了软夹层地基和上部模型隔震结构加速度反应的放大系数。结果表明数值模拟和模型试验结果虽然在数值上的差距较大，但两者反应的规律基本一致。也就是说，采用振动台模型试验开展土-隔震结构动力相互作用的研究在定性规律的反应上是可行的，但在定量分析方面还存在明显的不足。

（5）基于数值计算结果的可行性，分析了 SSI 效应对隔震结构的影响，表明，SSI 效应对隔震结构地震反应影响特别明显，影响率最大可达 411.3%，也再次证明了考虑 SSI 效应是十分必要的。对比了软夹层地基隔震与非隔震结构加速度峰值，地震波在软夹层中传播趋势相似，在软夹层下侧部位均出现明显减小的拐点，有效弱化了地震动的增大趋势，上部隔震结构、非隔震结构的反应符合软夹层地基隔震、非隔震条件下加速度反应规律。

第9章 土-桩-隔震结构动力相互作用的简化计算方法

9.1 引言

前面的研究表明，SSI 效应对基础隔震结构的动力特性的影响十分明显，进而会影响到隔震结构的动力反应及隔震层的隔震效率[137-138]，因此，在对隔震结构进行抗震设计时需充分考虑 SSI 效应的影响。由于有限元分析方法的复杂性，不能为工程设计人员广泛接受。因此，对土-桩-隔震结构动力相互作用的简化计算方法的研究尤为必要。

本章的工作重点是优化弹性半空间桩基基础隔震结构的简化模型，从而更好地估算隔震结构的动力特性。在本章的研究中，通过简化方法计算结果与模型实验结果的对比分析，验证了简化计算模型及其计算方法的可行性和可靠性。同时，基于建立的简化计算方法，分析了主要模型参数对土-桩-隔震结构动力相互作用体系动力学特征的影响规律。本章研究成果直接可用于考虑 SSI 效应时桩基基础上隔震结构抗震设计和工程计算。

9.2 土-桩-隔震结构动力相互作用体系动力特性的简化算法

基于刘文光[12]的研究，图 9-1(a) 模型可以简化为图 9-1(b) 模型。图 9-1 中，K 表示上部结构的等效水平刚度，K_0 和 C_0 表示隔震层的等效水平阻抗，K_x 和 C_x 表示地基的水平阻抗。K_θ 和 C_θ 表示地基的转动阻抗，h 表示基础重心到上部结构质点的距离，u 表示隔震结构相对基础的水平位移，u_θ 表示由基础转动产生的转角 θ 所引起的水平位移，u_g 表示地表处基础的水平位移，而 M 则表示隔震层和上部结构的总质量。

在使用图 9-1(b) 简化模型并忽略基础质量前提下，相互作用系统动力平衡方程的表达式为：

$$M(\ddot{u} + h\ddot{\theta} + \ddot{u}_f) + C'_0\dot{u} + K'_0 u = -M\ddot{u}_g \tag{9-1}$$

$$M(\ddot{u} + h\ddot{\theta} + \ddot{u}_f) + C_x\dot{u}_f + K_x u_f = -M\ddot{u}_g \tag{9-2}$$

$$M(\ddot{u} + h\ddot{\theta} + \ddot{u}_f)h + C_\theta\dot{\theta} + K_\theta\theta = -M\ddot{u}_g h \tag{9-3}$$

K'_0 和 C'_0 分别表示基础隔震结构的等效水平刚度和阻尼系数，公式为：

$$\frac{1}{K'_0} = \frac{1}{K} + \frac{1}{K_0}, C'_0 \approx C_0 \tag{9-4}$$

对隔震结构而言，如果非隔震结构的水平刚度比隔震结构的大很多时，K_0 和 C_0 可以分别近似等于隔震结构的总有效水平刚度和阻尼系数。

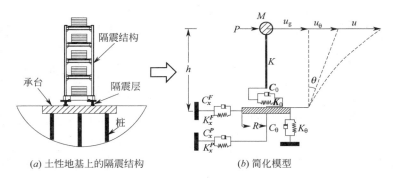

(a) 土性地基上的隔震结构　(b) 简化模型

图 9-1　土-桩-隔震结构动力相互作用系统简化模型

根据隔震层的有效刚度和阻尼可以计算出 K_0 和 C_0，即：

$$K_0 = \sum K_{ri} \tag{9-5}$$

$$C_0 = 2M\xi_0 \sqrt{K_0/M} \tag{9-6}$$

$$\xi_0 = \frac{\sum K_{ri}\xi_{ri}}{K_0} \tag{9-7}$$

K_{ri} 和 ξ_{ri} 分别表示隔震支座的水平刚度和阻尼比。

基于 Jennings 和 Bielak[139] 的计算方法，土-结构相互作用系统的动力特性（$\widetilde{T}$ 和 $\widetilde{\xi}$）可根据刚性地基隔震结构的动力特性（T_c 和 ξ）进行修正。如下：

$$\widetilde{T} = T_c \sqrt{1 + \frac{K}{K_x}\left(1 + \frac{K_x h^2}{K_\theta}\right)} \text{（非隔震）} \tag{9-8a}$$

$$\widetilde{T} = T_c \sqrt{1 + \frac{K_0'}{K_x}\left(1 + \frac{K_x h^2}{K_\theta}\right)} \text{（基础隔震）} \tag{9-8b}$$

$$\widetilde{\xi} = \left(\frac{\widetilde{\omega}}{\omega_c}\right)^2 \xi + \left[1 - \left(\frac{\widetilde{\omega}}{\omega_c}\right)^2\right]\xi_s + \left(\frac{\widetilde{\omega}}{\omega_x}\right)^2 \xi_x + \left(\frac{\widetilde{\omega}}{\omega_\theta}\right)^2 \xi_\theta \tag{9-9}$$

$\widetilde{T}$ 和 $\widetilde{\xi}$ 分别表示相互作用系统中结构的基本周期和阻尼比；T_c 和 ξ 分别表示刚性地基隔震结构的基本周期和阻尼比；ξ_s 土体的粘滞阻尼比；$\widetilde{\xi_0}$ 表示基础的阻尼比；ω_c 表示基础隔震结构的基本循环振动频率；ω_x 和 ξ_x 分别表示土性地基水平循环振动频率和阻尼比；ω_θ 和 ξ_θ 分别表示土性地基转动循环振动频率和阻尼比，从而可以给出：

$$\omega_c = \sqrt{K/M} = \sqrt{K_0'/\sum m_i} \text{（非隔震）} \tag{9-10a}$$

$$\omega_c = \sqrt{K_0'/M} = \sqrt{K_0'/\sum m_i} \text{（基础隔震）} \tag{9-10b}$$

$$\omega_x = \sqrt{K_x/M}, \omega_\theta = \sqrt{K_\theta R^2/Mh^2} \tag{9-11}$$

$$T_c = 2\pi\sqrt{M/K} = 2\pi\sqrt{\sum m_i/K'} \text{（非隔震）} \tag{9-12a}$$

$$T_c = 2\pi\sqrt{M/K_0'} = 2\pi\sqrt{\sum m_i/K_0'} \text{（基础隔震）} \tag{9-12b}$$

$$\xi_c = \frac{C_0}{2\sqrt{K_0'M}}, \xi_x = \frac{C_x}{2\sqrt{K_xM}}, \xi_\theta = \frac{C_\theta}{2\sqrt{K_\theta M}} \tag{9-13}$$

C_x 和 C_θ 分别为土基的水平向和切向阻尼系数，K_x 和 K_θ 分别表示土基水平向和切向刚度。

对于桩基基础隔震结构，K_x 和 K_θ 取值需考虑桩的影响，公式如下：

$$K_x = \sqrt{(K_x^F)^2 + (K_x^P)^2}, K_\theta = K_\theta^F + K_\theta^P \tag{9-14}$$

K_x^F 和 K_θ^F 分别表示无桩土基的水平和切向刚度；K_x^P 和 K_θ^P 分别表示桩基础的水平和切向刚度。

对于场地中无桩隔震结构，地基的水平和切向刚度可以通过 Veletsos 等得出的公式确定：

$$K_x^F = k_x^F K_s, K_\theta^F = k_\theta^F K_{s\theta} \tag{9-15}$$

$$C_x = c_x \frac{K_s R}{v_s}, C_\theta = c_\theta \frac{K_{s\theta}R}{v_s} \tag{9-16}$$

K_s 和 $K_{s\theta}$ 表示地基的静刚度，其的计算公式如下：

$$K_s = \frac{8GR}{2-\nu}, K_{s\theta} = \frac{8GR^3}{3(1-\nu)} \tag{9-17}$$

其中，G 是土体的剪切模量，R 表示基础表面的半径，ν 是土的泊松比，v_s 表示土的剪切波速。表达式（9-14）和（9-15）中 k_x^F，k_θ^F，c_x，和 c_θ 表示用来描述阻抗和与频率有关随频率变化的动态刚度计算参数，公式如下：

$$k_x^F = 1, k_\theta^F = 1 - \beta_1 \frac{(\beta_2 a_0)^2}{1+(\beta_2 a_0)^2} - \beta_3 a_0^2 \tag{9-18}$$

$$c_x = \alpha_1, c_\theta = \beta_1 \beta_2 \frac{(\beta_2 a_0)^2}{1+(\beta_2 a_0)^2} \tag{9-19}$$

表 9-1 中的 α_1、β_1、β_2、β_3 是与土体泊松比有关的拟合参数，a_0 是一个无量纲频率参数，定义为：

$$a_0 = \frac{\omega R}{v_s} \tag{9-20}$$

v_s 表示半空间中剪切波速，ω 表示循环激震频率。

拟合参数 α_1、β_1、β_2、β_3 的取值　　　　　　表 9-1

参数	$\nu=0$	$\nu=1/3$	$\nu=0.45$	$\nu=0.5$
α_1	0.775	0.65	0.6	0.6
β_1	0.8	0.8	0.8	0.8
β_2	0.525	0.5	0.45	0.4
β_3	0	0	0.023	0.027

Marvas 等推导出的考虑了桩对地基动力阻抗的影响，阻抗函数可以确定 K_x^P 和 K_θ^P：

$$K_x^P = (4E_p I_p)^{1/4} \left[(k_x^p - m_p \omega^2)^2 + (\omega c_x^p)^2 \right]^{3/8} \cos\left(\frac{3}{4}\varphi\right) \tag{9-21}$$

$$K_\theta^P = (4E_\mathrm{p}I_\mathrm{p})^{3/4}\left[(k_\mathrm{x}^p - m_\mathrm{p}\omega^2)^2 + (\omega c_\mathrm{x}^p)^2\right]^{1/8}\cos\left(\frac{1}{4}\varphi\right) \tag{9-22}$$

$E_\mathrm{p}I_\mathrm{p}$ 表示桩截面的抗弯刚度，m_p 表示桩的线质量，k_x^p 和 c_x^p 分别为基于文克尔假定的分布式弹簧的弹性模量和阻尼，表示为：

$$k_\mathrm{x}^p = \delta E_\mathrm{s},\; c_\mathrm{x}^p = 6(a_0^p)^{-1/4}\rho_\mathrm{s}V_\mathrm{s}d + 2\frac{\xi_\mathrm{s}k_\mathrm{x}^p}{\omega} \tag{9-23}$$

E_s 表示土体的弹性模量，ρ_s 土体密度，V_s 表示土体的剪切波速，d 表示桩径，ξ_s 表示土体粘滞阻尼比，桩的无量纲频率参数 a_0^p 可表示为：

$$a_0^p = \frac{\omega d}{V_\mathrm{s}} \tag{9-24}$$

无量纲文克尔系数 δ，公式如下：

$$\delta = 1.67\left(\frac{E_\mathrm{p}}{E_\mathrm{s}}\right)^{-0.053} \tag{9-25}$$

ϕ 是相位角，表达式是：

$$\phi = \arctan\left(\frac{\omega c_\mathrm{x}^p}{k_\mathrm{x}^p - m_\mathrm{p}\omega^2}\right) \tag{9-26}$$

9.3　基础隔震结构地震反应的简化算法

一般来说，上部结构可以使用如图 9-2 所示的集中质量模型模拟，从而对基础隔震结构的地震反应进行估算。公式（9-8）和（9-9）可以确定考虑 SSI 效应的隔震结构的动力特性。抗震设计规范中推荐使用的底部剪力法可以用来计算使用刚性地基假设的隔震结构的动力反应。

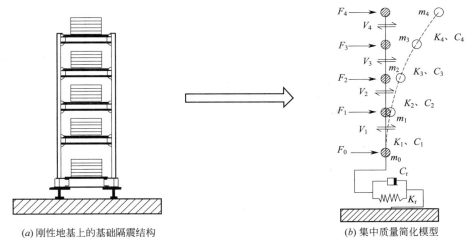

(a) 刚性地基上的基础隔震结构　　(b) 集中质量简化模型

图 9-2　刚性地基隔震结构的简化模型

因此，结构总水平地震作用标准值为：

$$F_\mathrm{ek} = \alpha_1 Mg \tag{9-27}$$

113

α_1 表示地震影响系数，是根据方程（9-8）和（9-9）计算得到的隔震结构的基本周期和阻尼比通过进行取值。其次，给出了隔震结构的地震激励，i 层的水平作用为 F_i：

$$F_i = \frac{m_i g h_i}{\sum m_j g h_j} F_{ek} \tag{9-28}$$

m_i 和 m_j 分别表示隔震结构第 i 层和第 j 层所对应的集中质量，h_i 和 h_j 分别表示 i 层和 j 层的集中质量点到结构底部的高度。层间剪力 V_i 可以表示为：

$$V_i = \sum_{i=1}^{n} F_i \tag{9-29}$$

隔震结构的层间位移 Δ 为：

$$\Delta = \frac{V_i}{K_i} \tag{9-30}$$

隔震层的层间位移 Δ_{max} 可以表示为：

$$\Delta_{max} = \frac{F_{ek}}{K_0} \tag{9-31}$$

9.4　模型振动台试验工况

使用了四种不同工况的四层钢框架基础隔震结构振动台试验方案：刚性地基非隔震结构（试验Ⅰ），刚性地基基础隔震结构（试验Ⅱ），土性地基非隔震结构（试验Ⅲ），以及土性地基基础隔震结构（试验Ⅳ）。如图 9-3 所示。以便更好的验证简化算法的准确性。

图 9-2 中模型使用等效集中质量方法后，非隔震结构的总等效水平刚度约 7.0kN/mm，其粘滞阻尼大约为 10.5kN·s/m，结构模型的等效高度约为 1.108m。基础的等效半径约为 0.618m。桩截面的总抗弯刚度（$E_p I_p$）约为 6.0kN·m^2。桩截面的等效直径约为 3.95cm，简化桩的质量约为 2.45kg。

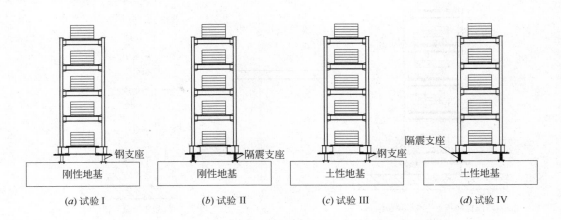

| (a) 试验Ⅰ | (b) 试验Ⅱ | (c) 试验Ⅲ | (d) 试验Ⅳ |

图 9-3　四种振动台试验设计方案

为了更好地反应 SSI 效应对隔震结构动力特性和地震反应的影响，使用了粉细砂作为模型地基土；粉细砂的泊松比 ν 约为 0.41，粘滞阻尼比 ξ_s 约为 2%～5%，且在试验前、后分别测试了其静态和动态特性。表 9-2 给出了土的静态物理量。

模型地基土的物理参数　　　　　表 9-2

试样编号	土类		密度（kg·m^{-3}）	剪切模量（MPa）	比重	饱和度（%）	孔隙比
1	粉细砂	试验前	.1826	7.01	2.68	76.5	0.742
2	粉细砂	试验后	1875	7.65	2.68	76.2	0.716

9.5　简化计算方法的验证

9.5.1　结构的动力特性的对比

表 9-3 计算并给出了根据本章第二节公式算得到的决定桩-土相互作用动力特性的主要参数。与此同时，表 9-4 给出了不同模型试验的动力特性对比。

隔震结构模型中用来计算 $\tilde{T}$ 和 $\tilde{\xi}$ 的参数　　　　　表 9-3

土-结构相互作用系统		参数	数值
结构		水平刚度 K（kN/mm）	7.01
		阻尼系数 C（kN·s/m）	10.52
隔震层		水平刚度 K_0（kN/mm）	0.84(1.10)
		阻尼系数 C_0（kN·s/m）	10.93
基础	承台	水平刚度 K_x^F（kN/mm）	11.19
		切向刚度 K_θ^F（kN/m）	3840
		水平阻尼系数 C_x（kN·s/m）	120.56
		切向阻尼系数 C_θ（kN·s/m）	0.027
	桩	水平刚度 K_x^P（kN/mm）	1.61
		切向刚度 K_θ^P（kN/m）	7.39

从表 9-4 看，非隔震结构无论是在刚性地基上还是在土性地基上，简化算法计算出的动力特性值与模型试验值都十分接近。然而，对于基础隔震结构而言，经简化计算得到的结构动力特性值与模型试验值都有很大差别。造成这种偏差的原因很有可能是隔震层动力参数有误。因此，当隔震层的水平刚度从 0.84kN/mm 变化到 1.1kN/mm，表 9-4 括号内给出了改进后的简化算法所预测的隔震结构的动力特性。从结果看，修改后的简化计算值与除土性地基基础隔震的阻尼比外与振动台试验结果都极为相近。土基基础隔震结构阻尼的偏差可能是由加速度计损坏或周围噪声影响造成的，为此还需后续的进一步研究和分析。综上所述，简化计算得到的土基基础隔震结构的动力特性结果证明此方法为考虑 SSI 效应的基础隔震结构抗震设计提供了一种有效的方法，同时可以更好的验证抗震设计的合理性。

不同工况下的结构的动力特性　　　　　　　　　　　　表 9-4

方法 \ 动力学特性	基础类型							
	刚性地基				土性地基			
	频率（Hz）		阻尼比（%）		频率（Hz）		阻尼比（%）	
	试验 I	试验 II	试验 I	试验 II	试验 III	试验 IV	试验 III	试验 IV
模型试验	6.72	2.65	3.00	8.30	4.36	2.38	9.7	15.4
简化计算	6.66	2.31 (2.64)	3.09	9.43 (8.24)	4.32	2.14 (2.39)	8.8	9.91 (9.06)
相对差值（%）	0.9	12.8 (0.3)	3.0	13.6 (0.7)	0.92	10 (0.4)	9.27	35.6 (41.16)

9.5.2　隔震结构的地震反应

为了验证考虑 SSI 效应的基础隔震结构的地震反应简化算法的合理有效性，分别对比了模型试验和简化算法得到的层间剪力和层间位移。模型试验中，Kobe 波的基岩输入加速度峰值分别为 $0.1g$、$0.2g$、$0.3g$ 时，隔震层底部所对应的加速度分别为 $0.076g$、$0.136g$ 和 $0.19g$。根据本文第二节计算得到的隔震结构的动力参数，比对抗震设计规范，图 9-4 得出动力影响系数 α_1 的值分别为 0.061，0.105 和 0.153。图 9-4 给出的是使用第 3 节简化计算方程算得的层间剪力和层间位移的结果与现场试验结果的对比。

从图 9-4 可以看出，当基岩输入加速度峰值增大时，除第一层外层间剪力越来越接近。如果输入加速度峰值为 $0.1g$ 或 $0.2g$，简化计算得到的层间剪力和层间位移值均大于模型试验结果。当输入加速度峰值为 $0.3g$ 时，除隔震层外，其余各层的剪力值均非常接近。

除此之外，随着加速度峰值的增大，简化计算得到的隔震层层间位移从大于模型试验值变为小于模型试验值。造成此结果的主要原因是简化算法在地震过程中隔震层水平刚度自始至终都使用的都是初始水平刚度，而从表 9-3 中的实际情况看在大剪切变形下铅芯橡胶支座水平刚度应该会随地震发生过程逐步衰减。模型试验中，当输入加速度峰值为 $0.3g$ 时，最大剪应变在 15% 左右。因此，根据插值法当输入加速度峰值为 $0.3g$ 时，隔震层的水平刚度修正为 0.92kN/mm，从而，隔震层层间剪力应该是 5.78kN，这样就比修正前的 5.31kN 更加接近 5.98kN 的模型试验值。

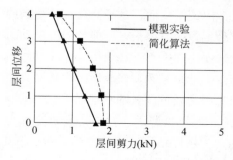
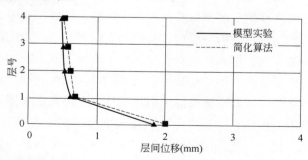

(a) Kobe 波基岩输入　PGA=0.1g

图 9-4　土性地基隔震结构层间剪力和层间位移

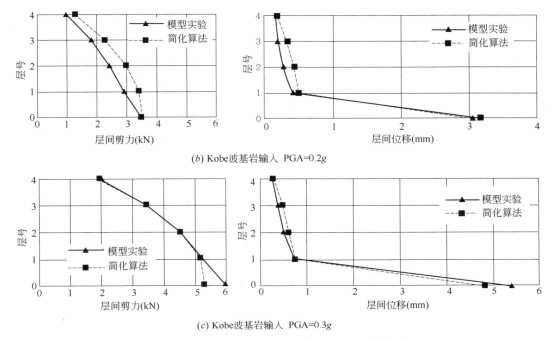

(b) Kobe波基岩输入 PGA=0.2g

(c) Kobe波基岩输入 PGA=0.3g

图 9-4 土性地基隔震结构层间剪力和层间位移（续）

总体而言，对比模型试验结果，对于桩基基础隔震结构来说，修正后的简化算法计算得到的层间剪力和层间位移是偏安全的。

9.6 简化计算模型参数分析

为了研究土性地基对土-结构相互作用系统动力特性的影响，图 9-5～图 9-8 是充分考虑不同土性地基参数情况下比值 $\widetilde{T}/T$ 和 SSI 系统有效阻尼 $\widetilde{\xi}$ 变化的比较图。

$$\frac{1}{\sigma} = \frac{h\sqrt{K/M}}{2\pi v_s} \qquad (9-32)$$

在图 9-5 中，波速参数 $(1/\sigma)$ 对 SSI 系统特别是对非隔震结构的动力特性有着极为显著的影响。一般来说，对非隔震结构而言，当波速参数很小时，结构的阻尼增大速度很快，当超过某一值时结构会阻尼增大的更加迅速。然而，对基础隔震结构而言，如果波速参数小于某一值时（本文约为 0.26），基础隔震结构的阻尼将减小到很小，然后随波速参数的增大更加迅速地增大。

一般对于隔震结构而言，其阻尼比要大于非隔震结构的值，但当波速参数小于某一值（约为 0.42），隔震结构阻尼比要比非隔震结构的小，这意味着如果地基土软到一定程度时隔震层会减小 SSI 系统的阻尼值。如何确定图 9-5 中波速参数的临界值还需进一步研究。

图 9-6 中，土基与桩的刚度比 (K_x^F/K_x^P)，循环激震频率 (ω)，土体的粘滞阻尼比 (ξ_s) 对自振周期比 $(\widetilde{T})$ 影响很小；但对 SSI 系统的阻尼比 $(\widetilde{\xi})$ 影响显著。

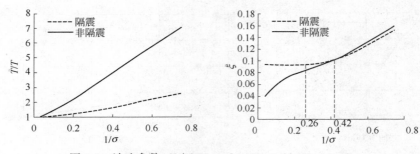

图 9-5　波速参数（$1/\sigma$）：$\omega=2\pi$，$\nu=0.41$，$\xi_s=0.05$，
$K_x^F/K_x^P=1.33$ 作用下 SSI 系统自振周期比和阻尼比

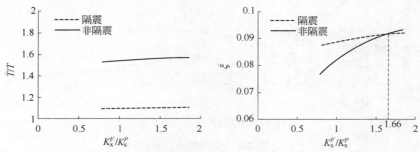

图 9-6　土基和桩刚度比（K_x^F/K_x^P）作用下：$\omega=2\pi$，
$\nu=0.41$，$\xi_s=0.05$，$1/\sigma=0.214$ 作用 SSI 系统的自振频率和阻尼比

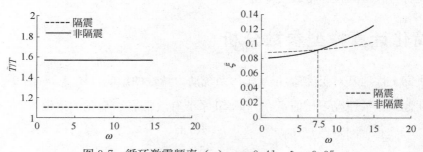

图 9-7　循环激震频率（ω）：$\nu=0.41$，$\xi_s=0.05$，
$K_x^F/K_x^P=1.33$，$1/\sigma=0.214$ 作用下 SSI 系统的自振频率和阻尼比

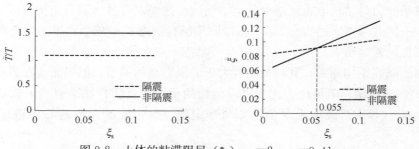

图 9-8　土体的粘滞阻尼（ξ_s）：$\omega=2\pi$，$\nu=0.41$，
$K_x^F/K_x^P=1.33$，$1/\sigma=0.214$ 作用下的 SSI 系统的自振频率和阻尼比

此外，根据图 9-5～图 9-8，以下发现可能是土性地基结构动力特性的影响因素：①文中某些模型的 SSI 效应对隔震结构的动力特性的影响要大于非隔震结构；②对于软土地基而言，隔震结构和非隔震结构的动力特性非常相似，这同时也意味随着地基土变软隔震层逐渐丧失了隔震性能；③仅就阻尼而言，桩的存在可以明显减小 SSI 系统的阻尼，尤其是在非隔震时；④一般而言，这些参数对非隔震结构阻尼的影响相对于基础隔震结构要更大；⑤建筑物抗震设计中软土地基的天然隔震效果不能忽略，并可将其看做简单的基础隔震层。

9.7 本章小结

用简单激振器模拟埋入式桩基础从而模拟出基础隔震结构，同时提供了一种确定隔震结构的动力特性的简化算法并通过振动台试验予以验证。对模型隔震结构而言，主要结论和新的发现如下：

（1）此简化算法中隔震层的总刚度取代了 Veletsos 等方法得到的非隔震结构的刚度，正如摘要中所提到的，这样可以有效地估算基础隔震结构的动力特性。

（2）土性地基的水平刚度可以通过本章中提出的简化算法计算得出，桩对结构动力特性的影响可以通过 Maravas 等的方法算出的桩基阻抗进行估算。

（3）通过参数分析，对模型基础隔震结构而言，土性地基的物理特性对其动力特性影响比非隔震结构要小。

（4）当仅考虑阻尼时，随着文中选择的土性地基参数的增大，基础隔震结构的阻尼起初要大于非隔震结构的阻尼，但当参数超过某一值时，隔震结构的阻尼值要比非隔震结构的值小，如何确定具体影响参数及关系仍是问题，还需研究。

第 10 章　考虑 SSI 效应时土-桩-隔震结构动力相互作用动力的能量分析法

10.1　引言

结构地震反应的能量分析法是从结构体系自身的耗能能力出发，综合考虑多种与能量有关的影响因素，对结构体系在地震作用过程中的安全性作出评价，具有形式简单、计算方便的特点。最近几十年来，从地震能量输入与结构能量耗散间的相互关系来分析研究结构的地震反应和损伤水平的方法日益受到国内外地震工程界的重视，并取得了一定的成果。G. W. Housner 引入"能量分析"的概念，将能量的平衡关系应用于简单结构的设计中[140]，Bertero 等则认为用结构总输入能来比较和判断地面运动对结构物的破坏强度是很有效的[141]，杨晓婧等以能量平衡原理为基础，建立基础隔震结构的能量简化设计方法，对隔震结构的力和位移反应进行预测[142]；汪洁等建立了基础隔震结构的地震能量响应方程，研究了铅芯橡胶支座主要参数和不同地震动激励对基础隔震结构非线性地震能量响应的影响[143]；熊仲明等采用能量法对隔震结构体系进行地震反应分析时，找到一种等代体系来简化隔震体系的求解过程[144]；裴星洙等建立地震作用下隔震结构在最大地震响应时刻的能量平衡方程，给出隔震结构隔震层和非隔震层的弹性振动能、塑性能的表达式[145]。但上述基于能量法的隔震结构研究均采用刚性地基假定，不考虑 SSI 效应的影响。

在现有理论研究成果的基础上，本章提出了基于能量的土-桩-隔震结构动力相互作用体系的能量反应平衡方程，在此基础上对软夹层地基上土-桩-隔震结构动力相互作用体系和刚性地基上隔震结构体系振动台模型试验的结果进行了能量分析，分析了软夹层地基上土-桩-隔震结构体系和刚性地基上隔震结构体系的耗能反应分配特征，研究了软夹层地基上 SSI 效应对隔震结构耗能反应的影响机理及其规律。本章的研究成果有助于更好地理解软弱地基隔震结构的隔震机理及其性能，完善软弱地基上隔震结构的抗震设计理论。

10.2　能量分析的基本原理和平衡方程

非隔震结构考虑土-结构动力相互作用（SSI）时，上部结构的惯性力通过基础反馈给地基，将使地基产生局部变形，使基础相对于地基产生平移和转动。美国学者 Sivanovic 通过对地震观测资料的长期研究发现：地震中土-结构相互作用十分明显，主要表现为基础的摆动[146]。鉴于上述现象，吴世明建立了土-非隔震结构动力相互作用体系的力学模型和多质点简化分析模型[147]，如图 10-1(*a*)、(*b*) 所示。本书第 5 章和第 6 章进行了两种土性地基上土-桩-隔震结构动力相互作用试验研究，试验结果表明：土性地基隔震结构基础及隔震层转动效应明显，隔震层对基础的转动角加速度反应有一定的放大效应。文献 [57、148] 的研究指出考虑 SSI 效应时隔震结构的加速度反应表现为隔震层转动分量与隔震结构弹塑性变形分量的耦合。有鉴于此，可建立土-桩-隔震结构动力相互作用体系的力学模型如图 10-2(a) 所示，相应的多质点简化分析模型如图 10-2(b) 所示。图中 h_i 为上部结构各层质心到隔震层的距离，h_0 为隔震层高度，u_i 为上部结构相对于隔震层的水平位移，m_i、k_i 和 c_i 为上部结构各层的质量、刚度及阻尼，m_0、k_0 和 c_0 为隔震层的质量、水平刚度及阻尼，u_0 为隔震层相对于基础的水平位移，u_f、θ_1 分别为基础重心相对于地基的水平位移和转角，θ 为隔震层转角，u_g 为地面水平位移。

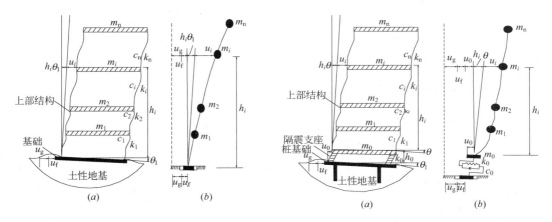

图 10-1 土-非隔震结构动力相互作用的计算模型　　图 10-2 土-桩-隔震结构动力相互作用的计算模型

根据图 10-2(b) 所示的简化分析模型，可建立土-桩-隔震结构动力相互作用体系在水平地震作用下的运动微分方程：

$$[M](\{\ddot{u}\}+\{\ddot{u}_0\}+\{h\}\ddot{\theta}+\{\ddot{u}_f\})+[C](\{\dot{u}\}+\{\dot{u}_0\})+\{f_s(u,\dot{u})\}=-[M]\{\ddot{u}_g\}$$

(10-1)

式中：$[M]$ 为隔震结构上部结构的质量矩阵（含隔震层质量 m_0），$[C]$ 为隔震结构的粘滞阻尼矩阵（含隔震层阻尼系数 c_0）；u_f 为基础相对于地面的位移，θ 为隔震层转角，$\{\ddot{u}\}$、$\{\dot{u}\}$ 分别为上部结构质点相对于隔震层的加速度和速度向量（不包括由于隔震层转动使上部结构产生的位移），u_0 为隔震层相对于基础的水平位移，$\{f_s(u,\dot{u})\}$ 为上部结构的滞变恢复力向量（含隔震层滞变回复力 f_d），$\ddot{u}_g$ 为地面加速度，$\{h\}$ 为上部结构各层质心距隔震层的距离向量。

取式（10-1）两端对各质点相对地面的位移 x 在地震动持时范围 $[0,t]$ 内的积分，可得土-桩-隔震结构动力相互作用体系相对能量反应方程式：

$$\sum_{j=0}^{N}\int_0^t m_j(\ddot{u}_j+\ddot{u}_0+h_j\ddot{\theta}+\ddot{u}_f)\dot{x}_j\,\mathrm{d}t+\sum_{j=1}^{N}\int_0^t c_j(\dot{u}_j+\dot{u}_0)\dot{x}_j\,\mathrm{d}t+$$

$$\int_0^t c_0\dot{u}_0\dot{x}_0\,\mathrm{d}t+\sum_{j=1}^{N}\int_0^t f_{sj}(u,\dot{u})\dot{x}_j\,\mathrm{d}t+\int_0^t f_d\dot{x}_0\,\mathrm{d}t=-\sum_{j=0}^{N}\int_0^t m_j\ddot{u}_g\dot{x}_j\,\mathrm{d}t \quad (10\text{-}2)$$

121

式中：$j=0$ 时指隔震层，右端项为地震动的总输入能 E_i^{sso}：$E_i^{sso}=-\sum_{j=0}^{N}\int_0^t m_j\ddot{u}_g\dot{x}_j\,\mathrm{d}t$ 。

上式左端四项依次为：

土-桩-隔震结构相互作用体系动能 E_k^{sso}：$E_k^{sso}=\sum_{j=0}^{N}\int_0^t m_j(\ddot{u}_j+\ddot{u}_0+h_j\ddot{\theta}+\ddot{u}_f)\dot{x}_j\,\mathrm{d}t=$

$\sum_{j=0}^{N}\int_0^t m_j\ddot{x}_j\dot{x}_j\,\mathrm{d}t$ ，

土-桩-隔震结构相互作用体系粘滞阻尼耗能 E_c^{sso}：$E_c^{sso}=\sum_{j=1}^{N}\int_0^t c_j(\dot{u}_j+\dot{u}_0)\dot{x}_j\,\mathrm{d}t+$

$\int_0^t c_0\dot{u}_0\dot{x}_0\,\mathrm{d}t$ 。

土-桩-隔震结构相互作用体系总变形能 E_s^{sso}：$E_s^{sso}=\sum_{j=1}^{N}\int_0^t f_{sj}\dot{x}_j\,\mathrm{d}t=E_v^{sso}+E_h^{sso}$ ，其中 E_h^{sso} 为体系的滞回变形耗能，E_v^{sso} 为体系的弹性应变能。

隔震层滞回耗能 E_d^{sso}：$E_d^{sso}=\int_0^t f_d\dot{x}_0\,\mathrm{d}t$ 。

在任意时刻 t，土-桩-隔震结构相互作用体系各部分能量应保持平衡，即有：

$$E_i^{sso}=E_k^{sso}+E_c^{sso}+E_s^{sso}+E_d^{sso} \tag{10-3}$$

目前，隔震结构设计均采用刚性地基假定，不考虑 SSI 效应的影响，刚性地基上隔震结构在水平地震作用下的运动微分方程[149]可表示为：

$$[M]\{\ddot{x}(t)\}+[C]\{\dot{x}(t)\}+\{f_s(x,\dot{x})\}=-[M]\{\ddot{x}_g(t)\} \tag{10-4}$$

式中：$[M]$ 为隔震结构体系的质量矩阵（含隔震层质量 m_0），$[C]$ 为隔震结构体系的粘滞阻尼矩阵（含隔震层阻尼系数 c_0）；$\ddot{x}(t)$、$\dot{x}(t)$ 为质点相对于地面的加速度、速度和位移（隔震层相对于地面的位移为 $x_0(t)$），$f_s(x,\dot{x})$ 为隔震结构的滞变恢复力向量（含隔震层滞变回复力 f_d），$\ddot{x}_g(t)$ 为地面运动加速度。

取式（10-4）两端对质点相对位移 x 在地震动持时范围 $[0,t]$ 内的积分，可得刚性地基上隔震结构体系的相对能量反应方程式：

$$\sum_{j=0}^{N}\int_0^t m_j\ddot{x}_j\dot{x}_j\,\mathrm{d}t+\sum_{j=0}^{N}\int_0^t c\dot{x}_j\dot{x}_j\,\mathrm{d}t+\sum_{j=1}^{N}\int_0^t f_{sj}\dot{x}_j\,\mathrm{d}t+\int_0^t f_d\dot{x}_0\,\mathrm{d}t=-\sum_{j=0}^{N}\int_0^t m_j\ddot{x}_g\dot{x}_j\,\mathrm{d}t \tag{10-5}$$

式中：$j=0$ 时指隔震层，上式左端四项依次为隔震结构体系的动能 E_k^o（$E_k^o=\sum_{j=0}^{N}\int_0^t m_j\ddot{x}_j\dot{x}_j\,\mathrm{d}t=\sum_{j=0}^{N}\frac{1}{2}m_j(\dot{x}_j)^2$）、粘滞阻尼耗能 E_c^o（$E_c^o=\sum_{j=0}^{N}\int_0^t c\dot{x}_j\dot{x}_j\,\mathrm{d}t$）、隔震结构体系总变形能 E_s^o（$E_s^o=\sum_{j=1}^{N}\int_0^t f_{sj}\dot{x}_j\,\mathrm{d}t=E_v^o+E_h^o$，其中 E_h^o 为结构体系的滞回变形耗能，E_v^o 为结构体系的弹性应变能）、隔震层滞回变形耗能 E_d^o（$E_d^o=\int_0^t f_d\dot{x}_0\,\mathrm{d}t$），右端项为地

震动的总输入能 E_i^o $\left(E_i^o = -\sum_{j=0}^{N} \int_0^t m_j \ddot{x}_g \dot{x}_j \mathrm{d}t\right)$。

在任意时刻 t，刚性地基上隔震结构体系的各部分能量应保持平衡，即有：

$$E_i^o = E_k^o + E_c^o + E_s^o + E_d^o \qquad (10\text{-}6)$$

对比公式（10-3）与公式（10-6）中各部分能量组成。可以看出，土-桩-隔震结构动力相互作用体系的能量反应方程主要有以下两方面的变化：①与刚性地基时相比，土-桩-隔震结构动力相互作用体系的动能 E_k^{sso} 组成中增加了基础平动及隔震层转动分量，因而土-桩-隔震结构动力相互作用体系的动能与刚性地基时有一定差异；②本书第 7 章的研究表明：由于 SSI 效应的影响，土-桩-隔震结构动力相互作用体系的阻尼系数与刚性地基时差异较大，因而土-桩-隔震结构动力相互作用体系的阻尼耗能与刚性地基时也不相同。因此，在一定的总能量输入下，土-桩-隔震结构动力相互作用体系隔震层滞回耗能 E_d^{sso} 可能发生较大变化。

10.3 基于试验的土-桩-隔震结构动力相互作用体系耗能分析

我国现行《建筑抗震设计规范》GB 50011—2010 中规定：隔震建筑宜选择Ⅰ、Ⅱ、Ⅲ类场地，当在Ⅳ类场地建造隔震房屋时应进行专门研究和专项审查。因此对软弱场地上土-桩-隔震结构动力相互作用体系耗能特性应进行深入研究。根据本书软夹层地基上桩基础隔震结构体系和刚性地基上隔震结构体系模型试验的研究成果，本节重点研究软夹层地基上土-桩-隔震结构动力相互作用体系的耗能特性，并与刚性地基上隔震结构体系耗能特性进行对比分析。

10.3.1 耗能分析计算参数

刚性地基与软夹层地基上模型隔震层参数和上部结构物理参数相同，分别如表 10-1 和表 10-2 所示。试验中测得刚性地基上隔震结构一阶自振频率 $f_1 = 2.65\mathrm{Hz}$，阻尼比 $\xi_1 = 0.083$，软夹层地基上隔震结构一阶自振频率 $f_1 = 2.4\mathrm{Hz}$，阻尼比 $\xi_1 = 0.148$。模型体系阻尼系数采用瑞雷阻尼系数，阻尼矩阵表达式为：$[C] = \alpha[M] + \beta[K]$

其中：$\alpha = 2\omega_1\omega_2(\xi_1\omega_2 - \xi_2\omega_1)/(\omega_2^2 - \omega_1^2)$，$\beta = 2(\xi_2\omega_2 - \xi_1\omega_1)/(\omega_2^2 - \omega_1^2)$

ω_1、ω_2 为模型体系的第一和第二自振圆频率，ξ_1、ξ_2 相应于模型体系第一和第二圆频率的阻尼比，取 $\xi_1 = \xi_2$[2]。

地面加速度 $\ddot{u}_g$ 取 A12 测点的加速度反应。上部结构相对于地面的加速度 $\ddot{x}_j$ 取上部结构测点（A1～A5）与地基土层表面 A12 测点加速度反应的差值，相应的 $\dot{x}_j = \int_0^t \ddot{x}_j \mathrm{d}t$。基础相对于地面的加速度反应 $\ddot{u}_f$ 取 A7 测点与 A12 测点加速度反应的差值。隔震层相对于基础的加速度反应 $\ddot{u}_0$ 取 A1 测点与 A7 测点加速度反应的差值，相应的 $\dot{u}_0 = \int_0^t \ddot{u}_0 \mathrm{d}t$。

隔震层的转动角加速度反应 $\ddot{\theta}$ 按下式计算：$\theta = (\ddot{V}_3 + \ddot{V}_4)/L$，其中 $\ddot{V}_3$ 和 $\ddot{V}_4$ 为 V3 和 V4 测点实测的加速度反应，L 为 V3 和 V4 测点的水平距离。上部结构质点相对于隔震层

的加速度反应 $\ddot{u}_j$ 按下式计算：$\ddot{u}_j = \ddot{x}_j - \ddot{u}_0 - \ddot{u}_f - h_j\ddot{\theta}$，相应的 $\dot{u}_j = \int_0^t \ddot{u}_j \mathrm{d}t$，隔震层滞变恢复力 f_d 由隔震支座上方三向力传感器测得。

模型体系隔震层参数　表 10-1

隔震层水平等效刚度（N/mm）	隔震层等效粘滞阻尼比（%）	隔震层竖向刚度（N/mm）
1111	8.3	791600

模型体系上部结构各层质量及刚度　表 10-2

层数	质量（kg）	刚度（N/mm）	层高（m）
4	800	23040	0.5
3	800	23040	0.5
2	800	23040	0.5
1	800	16000	0.6

10.3.2　刚性地基上隔震结构体系的耗能分析

根据刚性地基上隔震结构模型体系的地震反应，对模型体系进行能量分析，不同地震动作用下模型体系的总输入能量、各部分能量如表 10-3～表 10-5 所示，表中地面加速度峰值 X_g 为振动台台面实测加速度反应峰值，相应的不同地震动作用下模型体系的各部分能量与总输入能量的比值如图 10-3(a)～图 10-3(c) 所示，图中 R_k、R_h、R_c 和 R_d 分别为动能能量比、结构滞回变形耗能比、阻尼耗能比和隔震层滞回变形耗能比。输入模型体系的总能量中转化为动能和弹性应变能的部分随时间在零线附件相互转换，该部分能量并未耗散，模型体系的耗能主要通过阻尼耗能和滞回耗能的形式耗散掉。由表 10-3～表 10-5 及图 10-3 可以看出，刚性地基上隔震结构体系的耗能具有以下规律：

（1）刚性地基上隔震结构的地震动总输入能量主要由隔震层的滞回变形耗能 E_d 所吸收，大震时隔震层的滞回变形耗能比均达到 0.8 以上，上部结构的动能能量比 R_k 较小。尤其是上部结构滞回变形耗能最小，基本上可以忽略不计。

（2）刚性地基上隔震结构隔震层的滞回变形耗能比 R_d 与输入地震动的类型与峰值有关。主要表现为输入地震动峰值越大，隔震层滞回变形耗能比 R_d 越高，表明隔震效果越好。

（3）不同的地震动作用下隔震层的滞回变形耗能比 R_d 并不相同，EL Centro 波激振时隔震层滞回变形耗能比最高，地震动总输入能量的 83% 以上由隔震层的滞回变形耗能所吸收；南京人工波激振时隔震层滞回变形耗能比较 EL Centro 波激振时略有降低；Kobe 波激振在大震时隔震层滞回变形耗能比较高，隔震效果较好，而在小震时隔震层滞回变形耗能比降低，动能能量比增大。

刚性地基上 EL Centro 波输入时隔震结构的各部分耗能　表 10-3

地面加速度峰值 X_g	总输入能 E_i（N·m）	动能 E_k（N·m）	结构滞回变形耗能 E_h（N·m）	阻尼耗能 E_c（N·m）	隔震层滞回耗能 E_d（N·m）
0.131g	15.9	1.5	0.2	1.0	13.3

续表

地面加速度峰值 X_g	总输入能 E_i(N・m)	动能 E_k(N・m)	结构滞回变形耗能 E_h(N・m)	阻尼耗能 E_c(N・m)	隔震层滞回耗能 E_d(N・m)
0.235g	55.2	4.6	0.6	2.9	47.1
0.344g	123.6	9.0	1.0	5.6	108.0

刚性地基上 Kobe 波输入时隔震结构的各部分耗能　　　　表 10-4

地面加速度峰值 X_g	总输入能 E_i(N・m)	动能 E_k(N・m)	结构滞回变形耗能 E_h(N・m)	阻尼耗能 E_c(N・m)	隔震层滞回耗能 E_d(N・m)
0.094g	9.3	2.2	0.1	0.9	6.1
0.187g	34.4	5.4	0.6	2.7	25.8
0.274g	86.1	9.0	1.1	5.8	70.2

刚性地基上南京人工波输入时隔震结构的各部分耗能　　　　表 10-5

地面加速度峰值 X_g	总输入能 E_i(N・m)	动能 E_k(N・m)	结构滞回变形耗能 E_h(N・m)	阻尼耗能 E_c(N・m)	隔震层滞回耗能 E_d(N・m)
0.113g	14.9	1.8	0.3	1.1	11.7
0.237g	79.8	7.3	1.8	4.9	65.8
0.321g	117.7	9.8	1.6	6.7	99.6

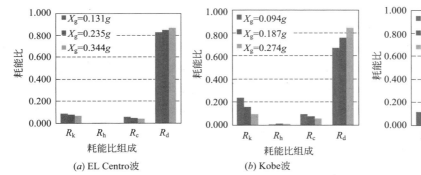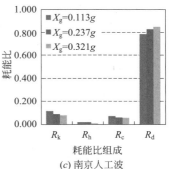

图 10-3　刚性地基上隔震结构各部分耗能比组成

10.3.3　软夹层地基上土-桩-隔震结构动力相互作用体系的耗能分析

根据已开展的软夹层地基桩基础隔震结构模型振动台试验研究的成果，对软夹层地基上土-桩-隔震结构动力相互作用体系（简称"软夹层地基上隔震结构体系"）进行耗能分析。不同地震动作用下模型体系的总输入能量、各部分能量如表 10-6～表 10-8 所示，表中地面加速度峰值 U_g 为土表 A12 测点的实测加速度反应峰值，相应的不同地震动作用下模型体系的各部分能量与总输入能量的比值如图 10-4(a)～图 10-4(c) 所示，图中 R_k、R_h、R_c 和 R_d 的含义同本文 10.3.2 节。与刚性地基时类似，输入模型体系的总能量中转化为动能和弹性应变能的部分随时间在零线附近相互转换，模型体系的耗能主要通过阻尼耗能和滞回耗能的形式耗散掉，由表 10-6～表 10-8 及图 10-4 可以看出，软夹层地基上隔震结构体系能量耗散分配与刚性地基时并不相同，隔震结构隔震层的滞回变形耗能比 R_d 仍占较大比重，但隔震结构的动能能量比 R_k 和阻尼耗能比 R_c 发生较大变化，隔震结构上部结构的滞回变形耗能比 R_h 仍很小，具体来看，软夹层地基上隔震结构体系各部分的耗能具有以下规律：

（1）软夹层地基上隔震结构模型体系动能能量比 R_k 的变化规律与刚性地基时明显不同，与隔震层转动效应的强弱密切相关。由图 10-3 可以看出，不同地震动小震时刚性地基上隔震结构体系的动能能量比 R_k 为 0.092～0.235；而大震时刚性地基上隔震结构体系的动能能量比 R_k 为 0.073～0.095。表明：刚性地基上隔震结构的动能能量比 R_k 随输入地震动峰值的增大而降低。由图 10-4 可以看出，EL Centro 波和 Kobe 波小震时软夹层地基上隔震结构动能能量比 R_k 为 0.073～0.102，而大震时动能能量比 R_k 为 0.131～0.154。表明：软夹层地基上 EL Centro 波和 Kobe 波激振时隔震结构体系的动能能量比 R_k 随输入地震动峰值的增大而增大；南京人工波小震时软夹层地基上隔震结构动能能量比 R_k 为 0.114，而大震时动能能量比 R_k 为 0.092，表明：南京人工波激振时动能能量比 R_k 随输入地震动峰值的增大而减小。上述现象与第 6 章表 6-2 试验结果相吻合的是：EL Centro 波和 Kobe 波激振时隔震层与基础转动角加速度峰值的比值随输入地震动峰值的增大而增大，而南京人工波激振时隔震层与基础转动角加速度峰值的比值随输入地震动峰值的增大而减小。上述分析表明：软夹层地基上隔震结构模型体系动能能量比 R_k 与隔震层转动效应的强弱相关，当隔震层转动效应增强时，模型体系的动能能量比 R_k 增大，而隔震层转动效应减弱时，模型体系的动能能量比 R_k 降低。

（2）软夹层地基上隔震结构阻尼耗能比 R_c 与刚性地基时并不相同，与隔震结构体系的阻尼比相关。对比图 10-3 和图 10-4 中隔震体系的阻尼耗能比 R_c 可以看出，不同地震动作用下刚性地基上隔震结构阻尼耗能比 R_c 为 0.045～0.076，而软夹层地基上隔震结构阻尼耗能比 R_c 为 0.073～0.154。表明：软夹层地基上隔震结构的阻尼耗能比较刚性地基时明显增大，其主要原因是：由于 SSI 效应的影响软夹层地基上隔震结构体系的阻尼比较刚性地基时大幅增加，相应的隔震结构体系的阻尼耗能比增大。

（3）软夹层地基上隔震结构的地震动总输入能量仍主要由隔震层的滞回变形耗能 E_d 所吸收，但对比图 10-3 和图 10-4 可以看出，不同地震动大震时软夹层地基上隔震层的滞回变形耗能比 R_d 为 0.624～0.801；而大震时刚性地基上隔震层的滞回变形耗能比 R_d 为 0.835～0.874。上述分析表明：大震时软夹层地基上隔震层的滞回变形耗能比 R_d 较刚性地基时降低。其原因主要有以下两方面：首先，与刚性地基时隔震结构体系的能量反应方程相比，软夹层地基上隔震结构体系的能量反应方程明显不同，其动能组成中增加了基础平动及隔震层转动的分量，第 6 章 6.2.4 节试验结果表明：软夹层地基上隔震结构隔震层有明显的转动角加速度反应（如表 6-2 所示），而本章的分析表明：软夹层地基上隔震结构体系的动能能量比 R_k 与隔震层转动效应的强弱密切相关；其次，由于 SSI 效应的影响，软夹层地基上隔震结构体系的动力特性发生较大变化，试验中测得刚性地基上隔震结构的阻尼比为 0.083，而软夹层地基上隔震结构的阻尼比为 0.148，阻尼比较刚性地基时显著增大，导致相应的软夹层地基上隔震结构体系的阻尼耗能较刚性地基时增加，这将间接降低隔震层的滞回变形耗能比例。由图 10-3 和图 10-4 的对比可以看出，大震时上述两方面的影响尤为明显，其中软夹层地基上隔震结构阻尼耗能比 R_c 较刚性地基时明显增大，而动能能量比 R_k 在南京人工波输入时较刚性地基时略有增加，在 EL Centro 波和 Kobe 波输入时较刚性地基时显著增大。因此，在一定的地震动总输入能下，大震时隔震结构隔震层的滞回变形耗能比较刚性地基时降低。

（4）软夹层地基上隔震结构耗能特性与输入地震动的特性和峰值有关。对比图 10-3 和图 10-4 中隔震层的滞回变形耗能比可以看出，软夹层地基上 EL Centro 波和 Kobe 波激振时隔震层的滞回变形耗能比 R_d 随输入地震动峰值的增大而降低，相应的阻尼耗能比 R_c 和动能能量比 R_k 增大，即输入地震动峰值越大，隔震层的耗能越差，这与刚性地基时 R_d 的规律完全相反；而软夹层地基上南京人工波激振时隔震层的滞回变形耗能比 R_d 随输入地震动峰值的增大而增大，相应的阻尼耗能比 R_c 和动能能量比 R_k 减小，这与刚性地基时隔震层的滞回变形耗能比 R_d 的规律相似。

软夹层地基上 EL Centro 波输入时隔震结构的各部分耗能　　　　表 10-6

地面加速度峰值 U_g	总输入能 $E_i(\text{N·m})$	动能 $E_k(\text{N·m})$	结构滞回变形耗能	阻尼耗能 $E_c(\text{N·m})$	隔震层滞回耗能
$0.112g$	13.4	1.6	0.2	1.4	10.3
$0.203g$	46.0	6.4	0.9	6.4	32.4
$0.327g$	127.3	25.5	2.8	19.6	79.4

软夹层地基上 Kobe 波输入时隔震结构的各部分耗能　　　　表 10-7

地面加速度峰值 U_g	总输入能 $E_i(\text{N·m})$	动能 $E_k(\text{N·m})$	结构滞回变形耗能	阻尼耗能 $E_c(\text{N·m})$	隔震层滞回耗能
$0.118g$	16.2	1.4	0.2	1.2	13.5
$0.220g$	60.9	6.7	1.3	6.8	46.1
$0.390g$	193.3	38.9	5.0	25.3	124.1

软夹层地基上南京人工波输入时隔震结构的各部分耗能　　　　表 10-8

地面加速度峰值 U_g	总输入能 $E_i(\text{N·m})$	动能 $E_k(\text{N·m})$	结构滞回变形耗能	阻尼耗能 $E_c(\text{N·m})$	隔震层滞回耗能
$0.072g$	5.6	0.8	0.1	0.6	4.1
$0.132g$	20.6	2.7	0.3	2.0	15.6
$0.260g$	84.6	8.3	0.8	7.8	67.8

上述现象可做如下解释：隔震结构的机理是采用在建筑的基础和上部结构之间设置柔性隔震层，延长上部结构的基本周期，从而避开地面地震动的主频带范围，减免共振效应，阻断地震能量向上部结构的传递，减小结构的地震反应。对于软弱地基上的隔震结构，场地地震动频谱特性低频化同时，隔震结构的自振频率受 SSI 效应的影响而改变，可能不利于避开地震动的主频范围，共振效应将对隔震结构的耗能产生影响。在软夹层地基上隔震结构模型试验中，振动台台面 A6 测点测得的三种输入地震波的傅氏谱如图 10-5 所示（台面输入加速度峰值为 $0.05g$），可以看出，Kobe 波的傅氏谱以低频分量为主，EL Centro 波的傅氏谱以中低分量为主，而南京人工波傅氏谱频宽最宽，傅氏谱以中高频分

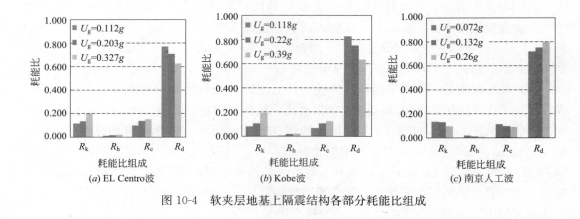

图 10-4　软夹层地基上隔震结构各部分耗能比组成

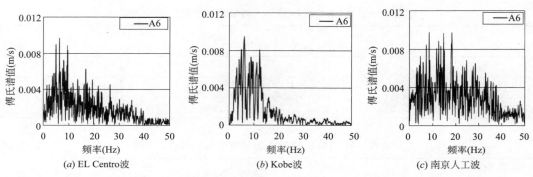

图 10-5　软夹层场地隔震结构试验中振动台台面 A6 测点的傅氏谱

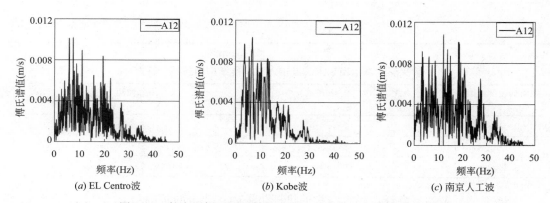

图 10-6　软夹层场地隔震结构试验中土表 A12 测点的傅氏谱

量为主。经软夹层地基土层滤波后，土层表面测点 A12 的频谱组成中低频分量明显增强，其地震动傅氏谱如图 10-6 所示，可以看出，EL Centro 波输入时土表测点 A12 的主频范围为 3.2～7.4Hz，Kobe 波输入时土表测点 A12 的主频范围为 2.8～6.2Hz，而南京人工波输入时土表测点 A12 的主频范围为 12.3～15.0Hz 和 17.6～22.3Hz，试验中测得软夹层地基上隔震结构的一阶自振频率为 2.4Hz，其较接近 Kobe 波和 EL Centro 波的主频范围，而离南京人工波的主频范围相对较远，而软夹层地基上隔震结构的试验结果表明：随着输入地震动加速度峰值的增大，土表测点 A12 的频谱组成向低频转变的现象越明显。这意味着输入 Kobe 波和 EL Centro 波时，随输入地震动加速度峰值的增大，隔震结构的一阶自振频率将不断接近地震动的主频范围，共振效应的影响将不断增强，隔震结构的地震反应不断增大，相应的隔震结构的动能和阻尼能不断增大，在总能量一定的情况下，隔震层的滞回变形耗能减小；而输入南京人工波时，隔震结构的一阶自振频率有效避开了地震动的主频范围，减免共振效应，隔震结构的地震反应降低，相应的隔震结构的动能和阻尼能不断减小。在总能量一定的情况下，隔震层的滞回变形耗能增大。因此，上述输入地震动的频谱特性对隔震结构耗能特性的影响表现为：输入地震动的频谱特性以中低频分量为主时，SSI 效应对隔震结构的耗能影响较大，隔震层的滞回变形耗能比不断降低，阻尼耗能比和动能能量比不断增大，隔震效果明显降低；而输入地震动的频谱特性以中高频分量为主时（如南京人工波），SSI 效应对隔震结构的耗能影响较小，隔震结构隔震层的滞回变形耗能比不断增大，阻尼耗能比和动能能量比降低。

10.4 本章小结

本章基于能量分析法建立了土-桩-隔震结构动力相互体系能量反应平衡方程，通过对软夹层地基上桩基础隔震结构体系和刚性地基上隔震结构体系振动台模型试验结果的耗能反应分析，深入研究了软夹层地基上土-桩-隔震结构动力相互作用体系的耗能特征及其规律，得到的主要结论有：

（1）提出了土-桩-隔震结构动力相互作用体系能量反应平衡方程，该方程概念明确，经对模型试验体系的能量反应分析，证明其能有效地反映土-隔震结构动力相互作用体系各部分的能量分配规律。

（2）刚性地基上隔震结构的耗能主要由隔震层的滞回变形耗能为主，随着输入地震动增强，隔震层滞回耗能比也不断变大，即说明地震越强，隔震效果越好。大震时隔震层的滞回变形耗能比达到 0.8 以上，而上部结构滞回变形耗能最小，基本上可以忽略不计。

（3）软夹层地基上桩基础隔震结构体系的耗能虽然仍以隔震层的滞回变形耗能为主，但大震时软夹层地基上隔震层的滞回变形耗能较刚性地基时降低。说明软夹层地基上隔震层的隔震效率降低。

（4）软夹层地基上 SSI 效应对隔震结构耗能的影响与输入地震动的特性和峰值有关。在以中低频分量为主的地震动作用下，SSI 效应对隔震层的耗能影响较大，隔震层的滞回变形耗能比不断降低，隔震结构阻尼耗能比和动能能量比不断增大，隔震层的隔震效果明显降低；而输入地震动的频谱特性以中高频分量为主时，SSI 效应对隔震体系的耗能影响较小，隔震层的滞回变形耗能比不断增大，阻尼耗能比和动能能量比降低。

参 考 文 献

[1] Ganhong, Yang yizhen. Nonlinear dynamic of the damping frame structure system, Advanced Material Research，2012 年土木、结构与环境工程国际学术会议．

[2] 马宗晋，杜品仁，高祥林，齐文华，李晓丽．东亚与全球地震分布分析 [J]．地学前缘，2010，05：215-233.

[3] "强震及工程震害资料基础数据库"建成 [J]．世界地震工程，2003，04：22.

[4] 郭迅．汶川大地震震害特点与成因分析 [J]．地震工程与工程振动，2009，06：74-87.

[5] 胡秀杰，撒卫昌，贺震．汶川地震震害调查及分析 [J]．陕西建筑，2008，11：17-20.

[6] 肖从真．汶川地震震害调查与思考 [J]．建筑结构，2008，07：21-24.

[7] 马宏旺，吕西林．建筑结构基于性能抗震设计的几个问题 [J]．同济大学学报（自然科学版），2002，12：1429-1434.

[8] 日本建筑学会著．隔震结构设计 [M]．刘文光，译．北京：地震出版社，2006：110-140.

[9] 何英森．高层隔震钢结构办公楼原位动力试验研究 [D]．中国地震局工程力学研究所，2013.

[10] 王帅．隔震桥梁数值模拟及振动台试验研究 [D]．广州大学，2012.

[11] 李淼锋．基础隔震结构反应谱研究 [D]．湖南大学，2012.

[12] 刘文光．橡胶隔震支座力学性能及隔震结构地震反应分析研究 [D]．北京工业大学，2003.

[13] 杜永峰，王亚楠，李慧．TMD-基础隔震混合控制体系随机响应分析 [A]．《建筑结构》杂志社．建筑结构高峰论坛——复杂建筑结构弹塑性分析技术研讨会论文集 [C]．《建筑结构》杂志社：2012：4.

[14] 李忠献，李延涛，王健．土-结构动力相互作用对基础隔震的影响 [J]．地震工程与工程振动，2003，05：180-186.

[15] 党育，杜永峰，李慧，韩建平．基础隔震结构的耗能分析 [J]．世界地震工程，2005，03：100-104.

[16] 徐忠根，周福霖．多层钢结构基础隔震性能研究 [J]．地震工程与工程振动，1999，03：131-135.

[17] 苏键，温留汉·黑沙，周福霖．高层隔震建筑性能分析 [J]．建筑结构，2009，11：40-42.

[18] 魏陆顺，周福霖，刘文光．组合基础隔震在建筑工程中的应用 [J]．地震工程与工程振动，2007，02：158-163.

[19] 程华群，刘伟庆，王曙光．高层隔震建筑设计中隔震支座受拉问题分析 [J]．地震工程与工程振动，2007，04：161-166.

[20] 杜东升，王曙光，刘伟庆，王浩亮．高层隔震结构非线性地震响应分析及设计方法研究 [J]．防灾减灾工程学报，2010，05：550-557.

[21] 朱玉华，吕西林，施卫星，冯德民，三山刚史．基础隔震房屋模型振动台试验研究 [J]．地震工程与工程振动，2000，03：123-129.

[22] 陆伟东，吴晓飞，刘伟庆．基础隔震和非隔震结构模型振动台试验对比研究 [J]．建筑结构，2012，04：34-37.

[23] 王曙光，陆伟东，刘伟庆，孙臻. 昆明新国际机场航站楼基础隔震设计及抗震性能分析 [J]. 振动与冲击，2011，11：260-265.

[24] 卢华喜，梁平英，尚守平，朱志辉. 基于土-结构动力相互作用的结构隔震研究 [J]. 铁道科学与工程学报，2009，01：25-30.

[25] 中华人民共和国住房和城乡建设部. GB50011-2010 建筑抗震设计规范. 北京：中国建筑工业出版社，2010.

[26] 李伟松. 钢筋混凝土异形柱框架—剪力墙结构基础隔震性能研究 [D]. 西安建筑科技大学，2012.

[27] 杨一振. 基础隔震框架结构的抗震性能研究 [D]. 安徽建筑工业学院，2011.

[28] 徐丽佳. 采用基础隔震装置的钢筋混凝土框架结构的抗震性能分析 [D]. 西南交通大学，2013.

[29] 宰金珉，庄海洋. 对土-结构动力相互作用研究若干问题的思考 [J]. 徐州工程学院学报，2005，01：1-6.

[30] Horace Lamb. On the Propagation of Tremors over the Surface of an Elastic Solid [J]. Philosophical Transactions of the Royal Society of London. SeriesA, Containing papers of a Mathematical or Physical Character (1896-1934)，1904，203359-371：.

[31] SungTY. Vibration in semi-infinite solids due to Periodic loading [C]. ASTM Symposium on Dynamic Testing of Soils，1953，No. 156：35-64.

[32] Arnod RN，et al. Forced vibrations of body on an infinite elastic solid [J]. Journal of Applied Mechanics. ASCE，1955，77：319-401.

[33] Bycroft GN. Forced vibrations of a rigid circular Plate on a semi-infinite elastic space and on an elastic stratum [J]. Philo. Trans. Roy. Soe. 1956，248：327-368.

[34] Lysmer J，Riehart FE T. Dynamic response of footing to vertical loading [J]. Journal of soil Mechanics Division，ASCE，1966，92 (l)：65-91.

[35] Parmelee RA. Building-foundation interaction effects [J]. Journal of the Engineering Mechanics Division，ASCE. 1967，93 (EMZ)：131-152.

[36] Tajimi H. Dynamic analysis of a structure embedded in an elastic stratum [C]. Proc. 4 WCEE，1969，3：53-69.

[37] Novak M，et al. Dynamic soil reactions for plane strain case [J]. ASCE，1978，104 (4)：953-959.

[38] Wass G. Linear two-dimensional analysis of soil dynamic problems in semi-infinite layered media [D]. Univ. of California，Berkeley，Calif，1972.

[39] Wass G，et al. Analysis of pile foundation under dynamic loads [C]. SmiRT，1981，00K5/2.

[40] Tajimi H. A contribution to theoretical prediction on earthquake engineering [C]. Proc. 7 WCEE，1980，5：105-112.

[41] Dominguez J. Dynamic stiffness of rectangular foundation [R]. Teeh. ReP. R78-20，Dept. of civil eng. MIT. CambridgeMass. 1978.

[42] Karabalis DL，Beskos D E. Dynamic stiffness of 3D rigid surface foundation by time domain BEM [J]. Earthquake Engineering & Structural Dynamics，1984，2：73-79.

[43] Karabalis DL，Beskos D E. Dynamic stiffness of 3D rigid surface foundation by time domain BEM [J]. Earthquake Engineering & Structural Dynamics，1984，2：73-79.

[44] Yan JY，Jin F，Zhang CH. A coupling procedure of FE and SBFE for soil-structure interaction in time domain [J]. International Journal for Numerical Methods in Engineering，2004，59 (11)：

1453-1471.

[45] Lehmann L. An effective finite element approach for soil-structure analysis in the time-domain [J]. Structural Engineering and Mechanics, 2005, 21 (4): 437-450.

[46] 楼梦麟, 宗刚, 牛伟星, 陈根达. 土-桩-钢结构相互作用体系的振动台模型试验 [J]. 地震工程与工程振动, 2006, 05: 226-230.

[47] 楼梦麟, 王文剑, 马恒春, 朱彤. 土-桩-结构相互作用体系的振动台模型试验 [J]. 同济大学学报 (自然科学版), 2001, 07: 763-768.

[48] 吴京宁, 楼梦麟. 土-结构相互作用对高层建筑 TMD 控制的影响 [J]. 同济大学学报 (自然科学版), 1997, 05: 515-520.

[49] 熊辉, 吕西林, 黄靓. 考虑土-结构相互作用效应的三维桩基结构动力有限元分析 [J]. 计算力学学报, 2007, 06: 756-762.

[50] 李培振, 吕西林. 考虑土-结构相互作用的高层建筑抗震分析 [J]. 地震工程与工程振动, 2004, 03: 130-138.

[51] 吕西林, 陈跃庆, 陈波, 黄炜, 赵凌. 结构-地基动力相互作用体系振动台模型试验研究 [J]. 地震工程与工程振动, 2000, 04: 20-29.

[52] 吕西林, 陈跃庆. 高层建筑结构-地基动力相互作用效果的振动台试验对比研究 [J]. 地震工程与工程振动, 2002, 02: 42-48.

[53] 尚守平, 邹新平, 曹万林. 钢框架-筏基结构与土相互作用试验研究 [J]. 建筑结构学报, 2012, 09: 74-80.

[54] 任慧, 尚守平, 李刚, 余俊. 土桩结构线性动力相互作用简化分析 [J]. 湖南大学学报 (自然科学版), 2007, 11: 6-11.

[55] 尚守平, 卢华喜, 王海东, 余俊, 刘方成. 大比例结构模型-桩-土动力相互作用试验研究与理论分析 [J]. 工程力学, 2006, S2: 155-166.

[56] 李昌平, 刘伟庆, 王曙光, 杜东升, 王海. 软土地基上高层隔震结构模型振动台试验研究 [J]. 建筑结构学报, 2013, 07: 72-78.

[57] Zhuang Haiyang, Yu Xu, Zhu Chao, et al.. Shaking table tests for the seismic response of a base-isolated structure with the SSI effect [J]. Soil Dynamics and Earthquake Engineering, 2014, 67 (6): 208-218.

[58] Karabalis D L, Beskos D E. Dynamic response of 3-D flexible foundations by time domain BEM and FEM. Soil Dynamic and Earthquake Engineering, 1985, 4 (2): 91-101.

[59] PolitopoulosIoannis. Response of seismically isolated structures to rocking-type excitations [J]. Earthquake Engineering and Structural Dynamics, 2010, 39 (3): 325-342.

[60] Andreas Maravas, George Mylonakis, DimitrisL Karabalis. Simplified discrete systems for dynamic analysis of structures on footings and piles. Soil Dynamic and Earthquake Engineering, 2014, 61: 29-39.

[61] 何文福, 霍达, 刘文光, 滕海文. 高层隔震结构振动台试验及数值分析 [J]. 北京工业大学学报, 2010, 03: 334-339.

[62] 杜东升, 刘伟庆, 王曙光, 李威威, 李昌平. SSI 效应对隔震结构的地震响应及损伤影响分析 [J]. 土木工程学报, 2012, 05: 18-25.

[63] Zhuang Haiyang, Yu Xu, Zhu Chao, et al.. Shaking table tests for the seismic response of a base-isolated structure with the SSI effect [J]. Soil Dynamics and Earthquake Engineering, 2014, 67 (6): 208-218.

［64］ 庄海洋．土—地下结构非线性动力相互作用及其大型振动台试验研究［D］．南京工业大学，2006.

［65］ 梁青槐．土-结构动力相互作用数值分析方法的评述［J］．北方交通大学学报，1997，06：92-96.

［66］ 李昌平，刘伟庆，王曙光，杜东升，王海．土-隔震结构相互作用体系动力特性参数的简化分析方法［J］．工程力学，2013，07：173-179.

［67］ 于旭，庄海洋，朱超．考虑SSI效应的隔震结构体系简化分析方法［J］．地震工程与工程振动，2014，06：51-58.

［68］ Constantinou MC，Kneifati M. 1988. Dynamics of soil-base-isolation structure systems. Journal of Structural Engineering，Vol. 114，No. 1，pp. 211-221.

［69］ Novak M，Hendreson P. 1989. Base-isolated building with soil-structure interaction. Earthquake Engineering and Structural Dynamics，Vol. 18，No. 6，pp. 751-765.

［70］ Pender M J. 1987. Nonlinear cyclic soil-structure interaction. Pacific Conference on Earthquake Engineering，New Zealand，pp. 83-93.

［71］ Rocha L. E. Pérez，J. AvilésLópez，A. 2013. TenaColunga，et al. Influence of soil-structure interaction on isolated buildings for SF6 gas-insulated substations. COMPDYN 2013，4th ECCOMAS Thematic Conference on Computational Methods in Structural Dynamics and Earthquake Engineering，Kos Island，Greece 2013.

［72］ J. Enrique Luco. 2014. Effects of soil-structure interaction on seismic base isolation. Soil Dynamics and Earthquake Engineering 66：167-177.

［73］ C. C. Spyrakos，Ch. A. 2009. Maniatakis，I. A. Koutromanos. Soil-structure interaction effects on base-isolated buildings founded on soil stratum. Engineering Structures，31：729-737.

［74］ 庄海洋，陈国兴，朱定华．土体动力粘塑性记忆型嵌套面本构模型及其验证［J］．岩土工程学报，2006，28（10）：1267-1272.

［75］ 郑颖人，沈珠江，龚晓南．岩土塑性力学理论［M］北京：中国建筑工业出版社，2002，60-61

［76］ 王建华，要明伦．软黏土不排水循环特性的弹塑性模拟［J］．岩土工程学报，1996，18（3）：11-18.

［77］ 栾茂田，林皋．场地地震反应非线性分析的有效时域算法［J］．大连理工大学学报，1994（2）：228-234.

［78］ 王哲，林皋．混凝土的一种非相关流塑性本构模型［J］．水利学报，2000，4：8-13。

［79］ Andrzej，Winnicki，czeslaw Cichon. Plastic model for concrete in plane stress state［J］. Journal of Engineering Mechanics. June 1988，591-602.

［80］ Balan T A，Filippou F C，Popv E P. Constitutive model for 3D cyclic analysis of concrete structures［J］. Journal of Engineering Mechanics，February 1997，143-153.

［81］ 杜成斌，苏擎柱．混凝土材料动力本构模型研究进展［J］．世界地震工程，2002，18（2）：94-98.

［82］ 杜成斌，苏擎柱．混凝土坝动力塑性损伤分析［J］．工程力学，2003，20（5）：170-173.

［83］ Demin FENG，Takafumi MIYAMA，et al. A NEW ANALYTICAL MODEL FOR THE LEAD RUBBER BEARING［C］. Pro of 12th WCEE. New Zealand，2000.

［84］ 谭丁，姜忻良．不同接触面模型对评估地下结构震害的影响［J］．岩土工程技术，2003，2：77-80.

［85］ 李守德，俞洪良．Goodman接触面单元的修正与探讨［J］．岩石力学与工程学报，2004，23（15）：2628-2631.

[86] 金峰，邵伟，张立翔等．模拟软弱夹层动力特性的薄层单元及其工程应用［J］．工程力学，2002，19（2）：36-40.

[87] By ABAQUS Inc. Analysis User's Manual. Volume Ⅴ：Prescribed Conditions，Constraints & Interactions.

[88] 刘书．土木工程中动态接触问题的数值计算方法及试验研究［D］．北京：清华大学，2000.

[89] 庄茁（译）．ABAQUS 有限元软件 6.4 版［M］．北京：清华大学出版社，2004.

[90] K. J. Bathe，A. B. Chaudhary. A solution method for planar and axisymmetric contact programs［J］. Int. J. Num. Method Engineering，1985，21：65-68.

[91] W. H. Chen，J. T. Yeh. A new finite element analysis of finite deformation contact problems with friction［J］. Computers & Structures，1986，22（6）：925-938.

[92] Ning Hu. A solution method for dynamic contact programs［J］. Computers & Structures，1997，63（6）：1053-1063.

[93] K. Yamazaki，M. Mori. Analysis of an elastic contact problem by the boundary element method（An approach by the penalty function method）［J］. JSME Int. J. 1989，32（4）：508-513.

[94] Y. Kanto，G. Yakawa. A dynamic contact buckling analysis by the penalty finite element method［J］. Int. J. Num. Methods Engrg.，1990，29：755-774.

[95] 廖振鹏，周正华，张艳红．波动数值模拟中透射边界的稳定实现［J］．地球物理学报，2002，45（4）：533-545.

[96] 关慧敏，廖振鹏．局部透射边界和叠加边界的精度分析与比较［J］．力学学报，1994，26（3）：303-311.

[97] 张晓志，谢礼立，屈成忠．一种基于多项式外推的局部透射边界位移解（外行波为平面波情形）［J］．地震工程与工程振动，2003，23（5）：17-25.

[98] 杨光，刘曾武．地下隧道工程地震动分析的有限元—人工透射边界方法［J］．工程力学，1994，11（4）：122-130.

[99] 姜忻良，徐余，郑刚．地下隧道—土体系地震反应分析的有限元与无限元耦合法［J］．地震工程与工程振动，1999，19（3）：22-26.

[100] G. Y. Yu，S. T. Lie，S. C. Fan. Stable boundary element method/finite element method procedure for dynamic fluid-structure interaction［J］. Journal of Engineering Mechanics，September，2002，909-915.

[101] By ABAQUS Inc. Implicit dynamic analysis using direct intergration，section 6.3.2 of ABAQUS Analysis User's Manual.

[102] Hilber H. M.，T. J. R. Hughes，R. L. Taylor. Collocation，dissipation and 'overshoot' for time integration schemes in structural dynamics［J］. Earthquake Engineering and Structural Dynamics，1978，Vol. 6，99-117.

[103] Hibbitt H. D. Some follower forces and load stiffness［J］. International Journal for Numerical Methods in Engineering，1979，Vol. 14，937-941.

[104] By ABAQUS Inc. Explicit dynamic analysis，section 6.3.3 of ABAQUS Analysis User's Manual.

[105] 李忠献，刘颖，王健．滑移隔震结构考虑土-结构动力相互作用的动力分析［J］．工程抗震，2004，3（4）：1-6.

[106] 李延涛．考虑土-结构动力相互作用的基础隔震与结构控制理论研究［D］．天津：天津大学，2004.

[107] 皱立华，赵人达，赵建昌．桩-土-隔震结构相互作用地震响应分析［J］．岩土工程学报，2004，

26 (6)：782-786.

[108]　张之颖，王洪卫，段学刚，吕西林．地基-结构动力相互作用对基础隔震效果的影响［J］．工业建筑，2007，37 (10)：54-57.

[109]　鲍华，徐礼华，周友．考虑土-结构相互作用的基础隔震体系动力特性分析［J］．工程抗震与加固改造，2005，27 (4)：33-39.

[110]　凌贤长，王臣，王成．液化场地桩-土-桥梁结构动力相互作用振动台试验模型相似设计方法［J］．岩石力学与工程学报，2004，23 (3)：450-456.

[111]　林皋，朱彤，林蓓．结构动力模型试验的相似设计［J］．大连理工大学学报，2000，40 (1)：1-8.

[112]　吕西林，陈跃庆．结构-地基相互作用体系的动力相似关系研究［J］．地震工程与工程振动，2001，21 (3)：85-92.

[113]　刘文光，周福霖，庄学真，三山刚史等．铅芯夹层橡胶隔震垫基本力学性能研究［J］，地震工程与工程振动．1999.19 (01)：93-99.

[114]　刘文光，周福霖，庄学真，三山刚史等．中国铅芯夹层橡胶隔震支座各种相关性能及长期性能研究［J］．地震工程与工程振动．2002.22 (01)：114-120.

[115]　张敏政．地震模拟试验中相似律应用的若干问题［J］．地震工程与工程震动，1997 (6)：52-58.

[116]　Lysmer J and Waas G. Shear wave in plane infinite structure［J］．J Eng Mech Div, ASCE, 1972；98 (EMI)：85-105.

[117]　Seki T and Nishikawa T. Absorbing boundaries for wave propagation problems［C］．J Comput Phys. In：Proceedings of 9th WCEE, Tokyo, Japan, Vol. II，1988：629-634.

[118]　楼梦麟，王文剑，朱彤等．土-结构体系振动台模型试验中土层边界影响问题［J］．地震工程与工程震动，2000，20 (4)：30-36.

[119]　陈跃庆，吕西林．结构-地基相互作用振动台试验中土体边界条件的模拟方法［J］．结构工程师，2000；3：25-30.

[120]　刘文光，周福霖，冯德民，三山刚史，李峥嵘．G4 铅芯橡胶隔震支座力学性能［R］．2001.广州大学橡胶隔震支座报告集．

[121]　刘文光，周福霖，冯德民，三山刚史，李峥嵘．G6 铅芯橡胶隔震支座力学性能［R］．1999.广州大学橡胶隔震支座报告集．

[122]　Skinner R I, Robinsin W H, Mcverry G H. 工程隔震概论［M］．谢礼立，译．北京：地震出版社，1996.

[123]　黄永林．基础隔震研究与应用的回顾与前瞻［J］．地震学刊，1998 (4)：58-65.

[124]　袁丽侠．场地土对地震波的放大效应［J］．世界地震工程，2003，19 (01)：113-120.

[125]　卢华喜．不同频谱特性地震动输入下的场地地震反应［J］．华东交通大学学报，2007，24 (01)：22-26.

[126]　冯希杰，金学申．场地土对基岩峰值加速度放大效应分析［J］．工程地质学报，2001，9 (04)：385-388.

[127]　Sivanovic S, Seismic response of an instrumented reinforced concrete building founded on piles［A］，Proc.12WCEE，2000，2325.

[128]　陈跃庆，吕西林，李培振，侯建国．不同土性的 SSI 对基底地震动的影响［J］．武汉大学学报，2005，38 (03)：63-68.

[129]　日本建筑学会著．隔震结构设计［M］．刘文光，译．北京：地震出版社，2006.

[130]　于旭，宰金珉，王志华．铅芯橡胶支座隔震钢框架结构体系振动台模型试验研究［J］．世界地

震工程，2010，03：30-36.

[131] 薄景山，李秀领，刘德东，等. 土层结构对反应谱特征周期的影响 [J]. 地震工程与工程振动，2003，05：42-45.

[132] 薄景山，李秀领，刘红帅，等. 土层结构对地表加速度峰值的影响 [J]. 地震工程与工程振动，2003，03：35-40.

[133] 楼梦麟，宗刚，牛伟星，等. 土-桩-钢结构-TLD系统振动台模型试验研究 [J]. 地震工程与工程振动，2006 26（6）：172-177.

[134] 陈奎孚，张森文. 半功率点法估计阻尼的一种改进 [J]. 振动工程学报，2002，15（2）：151-155.

[135] 刘海卿，邵志姣. 土-结构相互作用对铅芯橡胶支座隔震效果的影响 [J]. 地震工程与工程振动，2010，03：161-165

[136] 于旭，宰金珉，王志华. 土-结构相互作用对铅芯橡胶支座隔震结构的影响 [J]. 自然灾害学报，2009，03：146-152.

[137] 宰金珉，庄海洋，陈国兴. 对土-结构动力相互作用研究若干问题的思考 [A]. 中国土木工程学会、广州市建设委员会、广州大学. 防震减灾工程研究与进展——全国首届防震减灾工程学术研讨会论文集 [C]. 中国土木工程学会、广州市建设委员会、广州大学：2004：5.

[138] Sayed Mahmoud, Per-Erik Austrell, Robert Jankowski. 2012. Non-linear behavior of base-isolated building supported on flexible soil under damaging earthquakes. Key Engineering Materials, Vol. 488-489, pp. 142-145.

[139] Jennings P C, Bielak J. 1973. Dynamics of building-soil interaction. Bull Seism Soc Am, 63：9-48.

[140] G W Housner. Limit Design of Strutures to Resist Earthquake [A], Proc. of IWCEE, Berkeley, CA，1956，5.1-5.11.

[141] Bertero V V, Uang C M. Evaluation of seismic energy in structures [J]. Earthquake Engrg. and Struct. Dynamics，1990，19（1）：77 - 90.

[142] 杨晓婧，王曙光等. 基础隔震结构基于能量法的反应预测 [J]. 工程抗震与加固改造. 2010，32（1）：34-37.

[143] 汪洁，李宇. 三维基础隔震结构非线性地震能量响应分析 [J]. 西安建筑科技大学学报（自然科学版）. 2013，45（3）：367-370.

[144] 熊仲明，张萍萍等. 滑移隔震结构基于能量分析的简化计算方法研究 [J]. 西安建筑科技大学学报（自然科学版）. 2012，44（3）：305-310.

[145] 裴星洙，王维，王星星. 基于能量原理的隔震结构地震响应预测法研究 [J]. 工程力学，2011，28（7）：65-72.

[146] Sivanovic S, Seismic response of an instrumented reinforced concrete building founded on piles [A], Proc. 12WCEE，2000，2325.

[147] 吴世明等著. 土动力学 [M]. 北京：中国建筑工业出版社，2000：284-291.

[148] 于旭，宰金珉，王志华. 考虑SSI效应的铅芯橡胶支座隔震结构体系振动台模型试验 [J]. 南京航空航天大学学报，2010，42（6）：786-792.

[149] 周云，徐彤，周福霖. 抗震与减震结构的能量分析方法研究与应用 [J]. 地震工程与工程振动，1999，19（4）：133-139.